# 马一仑的秘密财富王国
## 之零花钱变身记

察渊 著

MAYILUNDEMIMICAIFUWANGGUOZHI
LINGHUAQIANBIANSHENJI

浙江少年儿童出版社

# 为什么要学习理财

　　小朋友们，当你打开这本书时，可能会有这样的疑问：为什么要学习理财？

　　实事求是地说，咱们中国的孩子是很辛苦的，从幼儿园到高中，除了要完成学校规定的功课外，很多人还要学习钢琴、绘画、舞蹈……平时已经没有多少空余的时间了，再找本书来学理财不是自寻烦恼吗？

　　当然不是。

　　因为社会总是在不断向前发展，对人们综合素质的要求也越来越高。像我们的爸爸妈妈，他们那个年代不懂电脑、不会说外语照样能找到好工作，可现在的大学生如果没有良好的电脑操作能力和基本的外语水平，就很难在社会上立足。同样的，以前没有多少人知道理财为何物，但到了我们这一代，理财已经逐渐成为必备的一项能力。

　　理财，通俗地说就是打理财富，是如何挣钱、花钱和省钱的学问。其实，从爸爸妈妈第一次给零花钱开始，我们就已经开始接触理财了，不过多数人只是随着性子花钱，并不知道该如何打理。这不能怪我们，因为没有人教过这些东西。学校里不讲，爸爸妈妈也不讲，我们总不能无师自通吧？

现在有了这本理财书，大家就可以"自学成才"了。书的内容并不复杂，没有什么专业的理财术语，而是通过生活中的一件件小事讲述理财。你可以看到如何用"许愿单"购物法来理性消费，怎样通过"收支表"来记录理财情况，还可以了解"钱币"的发展史……

另外，我还要告诉各位小读者一个秘密，知道为什么让大家从小学理财，而不是等到参加工作后再学吗？那是因为你们这个年龄学东西是最快的，记忆也是最深刻的，就像学钢琴一样，在小的时候练习很容易就能学会，可等到了二十多岁再去学，基本不可能有什么大的成就了。如果你不相信，可以回去做个实验，和爸爸比比背课文，我保证你比他背得快。

试想一下，现在你只需要花一点时间就可以掌握理财的精髓，等长大以后，你在理财方面的能力自然会比那些没有学习过的人胜出很多，也就容易拥有比别人更多的财富。

好了，现在就让我们开始这次愉快的理财学习之旅吧！


察渊

# 主要出场人物

## 马一仑

男主人公,初中一年级学生,十三岁,四等帅哥,因为爱思考被同学们戏称为"哲学家"。心地善良,为人随和,对朋友仗义,学习上勤奋刻苦,生活上也无忧无虑。唯一苦闷的是要经常听爸爸讲"教育课"、"奋斗史"。一次"意外"更是让他"祸不单行",要上爸爸主讲的"家庭版理财课",谁知最后歪打正着,竟修得一身理财功夫。

## 马海军

一仑爸爸,颇有才情,业余侦探小说家,在银行做投资理财咨询师,给客户提供理财投资建议与方案。为了提高一仑的财商,做个称职的爸爸,在家中开设了"家庭版理财课",自编教材,自任首席讲师。

## 郑梅

一仑妈妈,一位上得厅堂下得厨房的贤妻良母。平时"默默无闻",一仑父子俩大谈理财时她随意露了两手便让他们无限佩服,一招"抢占 VIP 坐席"更是让父子俩狂呼"她才是已经潜伏很久的理财高手"。闲时喜欢看话剧,生活极有品味。

## 罗佳懿

　　一仑的同学，外号"罗毛毛"，零花钱数量在班里属 No.1 。虽然体形不太理想，但无法阻挡他全身穿名牌的"霸气"。"有钱可以买到你想要的任何东西"是他的座右铭。

## 吴飞

　　一仑的同学，喜欢唱歌和弹吉他，是个音乐小才子。可惜他作文成绩不好，常常要向马一仑请教。后来吴飞在一仑表哥那里学到了"作文心法"，终于苦尽甘来。

## 郭磊

　　一仑的表哥，大学四年靠自己赚钱完成学业。他利用假期开办作文培训班，自创的"作文训练三步法"让许多写作不好的孩子受益。N 年后，马一仑将表哥的培训教材成功出版，"作文心法"得以广泛流传。

## 米利亚总督

　　一仑梦中智慧国的大臣，负责带领一仑参观智慧国，是一仑梦中的指路人。

# 目 录
## CONTENTS

**01.** 第一堂理财课 001
一张报纸引发的理财课 005
中了老爸的招 008

**02.** 老爸的理财学说 013
理财等式 016
10%存钱法 021

**03.** 理财基本功 025
好记性不如烂笔头 028
事前计划事后总结 032

**04.** 一仑的问题 037
钱从哪里来（上）040
钱从哪里来（下）044
爱钱之心人皆有之 050
为什么要理财 054

## 05. 省钱小窍门 059

吴飞老妈的"金算盘" 062

一篇与众不同的作文 069

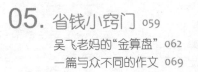

## 06. 老妈是"潜伏"的高手 073

清单的妙用 076

贵宾 (VIP) 席的玄机 080

生活是最好的老师 085

许愿单 090

## 07. 本杰明·富兰克林的智慧 095

哨子的代价 099

学会判断 106

## 08. 旅游途中 113

利与弊 116

人多力量大 121

草原之行 125

CONTENTS

## 09. 小鬼当家 129

第一桶金 131

意外的惊喜 135

变形金刚出手了 140

"一对一"的资助 144

## 10. 新学期的收获 151

让人费解的攀比 154

生产者和消费者 161

## 11. 神秘的利息 169

超前消费 172

黄世仁和杨白劳的债务纠纷 177

借钱的学问 186

## 12. 这就是投资 193

初识股票 197

增值与贬值(上) 202

增值与贬值(下) 208

**13.** 每天进步1% 215

　　回报最丰厚的投资 218

　　稳定持续的小进步 224

**14.** 老爸讲"智慧" 233

　　摔碎的鸡蛋 236

　　龟兔赛跑新解 243

**15.** 学会长大 247

　　谁打碎了花瓶 251

　　不幸的消息 257

**16.** 又是一梦 263

　　人生展览馆 266

　　一仑的决定 273

附录 278

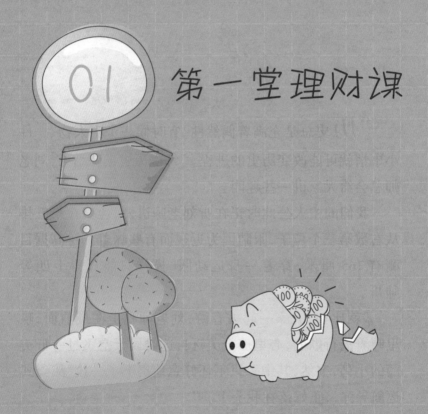

# 第一堂理财课

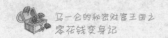

"**历**史总是充满着偶然性,有时候一个小人物、一件小事情就可能改变历史的进程。"每次历史正课结束,刘老师总会给大家讲一些趣闻。

我们的主人公此时正在听刘老师讲课,他坐在第五排从右数第三个位子,眼睛因为近视而有些眯着。身高据目测有 165 厘米,穿着一身运动服,模样只能算得上四等帅哥。

"就比如,大家一起去春游,刘老师我走在最前面,嘴里哼着流行歌曲,心里那个美呀! 这时候天空飞过一群美丽的小鸟,突然,其中一只不怀好意地扔下了一枚'战斧式巡航导弹',正好落在我头上。"

"哈哈……"同学们都笑了起来。

"你看,一件不起眼的小事,却让我心情由晴变阴,美

好的一天就此泡汤了,这就是历史的偶然性。"刘老师生怕同学们不理解,尽量讲解得通俗些。

"下课了,同学们都出去活动吧,如果谁对历史的偶然性感兴趣,可以自己查些资料或者与我沟通交流。"

"马一仑,体育课了,踢球去!"刘鹏朝着我们的四等帅哥喊道。

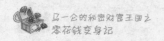

　　"刘老师讲的历史的偶然性,我还有点不太理解呢!"一仑戴上了眼镜,显得精神多了。

　　"别想了,你都快成哲学家了,快走吧!"几个哥们儿催促马一仑。

　　不到 5 分钟的时间,大家就都玩得满场飞了。让马一仑没有想到的是,没过几天,他就亲身体验了一把"历史的偶然性"。

# 一张报纸引发的理财课

**10** 楼,阳台。

一缕夕阳映在马一仑老爸的脸上,他放下手中的报纸,伸了伸懒腰,拿起茶杯,细细地品了一口刚泡的铁观音茶。

## 马一仑老爸的简历

**姓名:**马海军
**性别:**男
**出生日期:**1966 年 5 月 3 日
**爱好:**读书
**梦想:**成为一名著名的侦探小说家
**职业:**银行投资理财咨询师

"现在的报纸质量确实是越来越差了,负面的东西太多。为了吸引读者眼球,总是喜欢报道一些极端的内容,缺

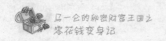

乏客观性,真善美的东西太少了。"一仑老爸站了起来,"拿块饼过来吧,有点饿了。"

"你呀,又在发感慨了! 几十页的报纸,我就不信没一点吸引你的。"一仑老妈递过来一块葱油饼。

"那倒不是。"一仑老爸拿起报纸,翻到第 20 版,"你看,这篇报道——《财商培养要从小抓起》就挺不错,文中提倡我们家长要从小培养孩子的理财能力,让孩子对金钱有正确的认识。不仅主题选得有眼光,内容写得也很有水准。"

"我看看。"一仑老妈接过报纸,"是写得不错,你看这段内容:孩子在接触钱、使用钱的过程中会逐渐形成自己的金钱观,而不同的金钱观会直接影响到他们的生活质量。我们很多家长不太注意这方面的教育,认为孩子长大了自然就会懂得如何花钱,但你看那些'月光族'、'啃老族'、'守财奴'……这不都是从小没有形成正确的金钱观造成的? 马海军同志,这篇文章倒是提醒我了,你说你在银行上班,天天指导客户理财,怎么也没见你给咱们一仑讲过一星半点呢? 我看这个月开家庭会议的时候一定要对你进行点名批评才行。"

"点名批评就不要了吧,不然有损父亲的高大形象啊! 我以前也是觉得孩子小,没必要讲这些东西,现在看来得改变一下观念了。这样吧,从下周开始,我们就开始培养一

仑的财商,这样总行了吧?"一仑老爸也意识到自己对一仑
关心太少了。

"这还差不多。一仑怎么还没回来?天都快黑了。"

"孩子不是去找好朋友玩了吗?难得有一个这么轻松
的星期天,就让他玩个够吧。"一仑老爸笑着说。

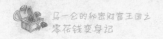
# 中了老爸的招

**电**影院外。

"你到底去不去呀,马一仑?"苏筱月大声喊道。

"去,肯定去。"马一仑挤出一个微笑说,"刘鹏是我哥们儿,他的生日我一定会去的。不是这个月20号吗?咱们不见不散。"

"没错,你小子可别临阵脱逃呀!"罗毛毛因为胖,说话总是气喘吁吁的。

大家就这样散了,可马一仑却一下子没有了情绪。按说哥们儿刘鹏的生日,一仑是很高兴的,只不过这个月有点特殊。一个星期前"林妹子"刚过了生日("林妹子"是林雅雯的外号,一仑和她关系挺好),花了36元钱给她买了个漂亮的生日礼物。前两天一仑在书店花了40元钱买了两本好看的漫画书。今天看电影又用掉15元钱。唉!眼瞅着这个月的零花钱只剩下4元钱了……

昨晚回家,一仑想向老爸再讨点人民币,可"小气"的老爸这次真是铁石心肠,愣是没有被他的苦苦哀求所打动,更让人头疼的是,老爸还给他讲了一大堆道理,比如"零花钱要有计划地花呀","小孩子要知道艰苦朴素呀",就差讲他小时候吃苦的岁月了。一仑是左一个"好老爸",右一个"好老爸",还是没有办法,后来又去求老妈,没想到老妈这次和老爸站到了同一阵线上。

一仑本来想向同学借钱,可觉得那样太丢面子。"天下无难事,只要肯登攀!"一仑鼓励自己,他要凭自己的"三寸不烂之舌"说服老爸再给他一些零花钱。

到家了,一仑先做了三组俯卧撑——这是老爸给他规定的必做功课,说是为了让他有一副好体魄,然后休息了一会儿,吃了点东西。

关键的时刻到了,一仑调整了一下脸部肌肉,对着镜子练习了半天,好让表情达到最佳程度。

"老爸,我完了,我成了一个坏孩子了!"一仑一边做痛苦状,一边扑向老爸。

"出什么事了?"

"老爸,你以前一直教育我做人要讲诚信,可我答应了要给刘鹏买生日礼物,现在眼看着要失信于人了,我岂不是要成一个坏孩子了?"

"哈哈,你小子,挺有花花肠子的嘛!以为我不知道你想的是什么?"

"老爸,你就可怜可怜我吧!"一仑开始施展"撒娇大

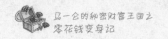
法"了。

老爸把眼睛瞟向老妈,那眼神分明有些得意,今天下午刚商量要给一仑上理财课,可又怕一仑不愿意听,没想到机会这么快就来了。

"老爸当然不会让你做一个不讲诚信的孩子。这样吧,老爸专门给你35元钱买礼物,怎么样?"

"我就说嘛,老爸是最大方的了。"

"不过……"一仑老爸故意把这两个字拖了很长的音,一仑一下子又紧张起来了。

"不过,是有条件的哟。"

"不会吧,老爸,怎么还跟小孩子讲条件!"

"呵呵,你小子,不要贫,就说答应不答应吧。"老爸没有上一仑的当。

"答应,答应!"

"先别急着承诺,先听听是什么条件。我开始说了啊,第一,今天要帮老妈做家务;第二,从今天开始,要听老爸讲课。"

做家务对一仑来说是小菜一碟,但要听老爸讲课,真是让人头疼,估计又是"小孩子要知道艰苦朴素"之类的内容。

"一仑,怎么变得像慢羊羊呀?这不是你的风格呀,同意否?"

一仑看看老妈,老妈没什么反应,看来大局已定。"唉,世风日下呀,昔日的战友老妈现在也跑到另一条战线上去了。"一仑只能点点头接受了。

"好,像个男子汉。回来,别急着走,今天就开始上第一堂课。"

"老爸,你也忒急了点吧。"

"哈哈。第一堂课的内容很简单,只需要记住一个定理就行:天下没有免费的午餐,借来的钱总是要还的。"

"太简单了,记住了。"

"真记住了?"

"真记住了。"

"所以,根据这个定理,今天给你的 35 元钱要在下个月的零花钱里扣啊。"

一仑瞪大了双眼,激动得手和脚乱动起来:"老妈,我中了老爸的圈套了!"

一仑回房间去睡了。

"一仑爸,虽说咱们要教孩子理财,但也不用这么难为孩子吧。一仑经常跟我说,他同学的老爸对零花钱从来都是花多少给多少,没有像你那样不近人情的。虽说要培养财商,也不至于这么小气吧?"一仑妈有点心疼孩子了。

"是呀,我对一仑是严了点。可是我们现在要培养他的

财商,这是最基本的要求。孩子会很快长大,然后进入社会,他迟早要面对许多和金钱相关的问题,我是希望他能尽快学到这方面的知识。"

一仑老爸说得有点激动。

"我喜欢的拳王泰森,曾仅用 49 秒就将对手打倒在地,真是锐不可当,出场费动辄几百万美元。他打拳打了有 20 年,挣的钱有 5 亿美元,可就是有这么多钱的泰森居然在 2003 年 8 月 2 日申请了破产——你看,如果不懂管理自己的财富,再多的钱也会挥霍一空的。

"今天我刻意这样做,是想让孩子知道:一个人花钱要在自己的掌控之内,超出的部分没有人会替他埋单的,总是要自己偿还。我相信他会慢慢理解的。"

果真如刘老师讲的那样,历史还真的是充满了偶然性,因为报纸上的一篇文章,一仑的生活开始发生了变化,从此,他要开始认真聆听老爸的"谆谆教诲"了。

不过不管怎么说,一仑最终成功地从老爸手里要到了钱,我们的四等帅哥可以一如既往地信守承诺了。

# 老爸的理财学说

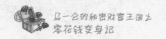

"一仑，等一下！"吴飞气喘吁吁地跑过来，"今天怎么走得这么早呀，有个问题想向你请教一下。"

"我要去买块白板，老爸出差前交代过的，要不咱们一边走一边聊吧。"

吴飞家和一仑家离得不远，在最后一个红绿灯往左走一里是吴飞家，往右走一里多则是一仑家。

他们在文具店精挑细选了一块白板，又买了一盒白板笔，付了钱，一起往回走。

"一仑，今天作文课后，班主任找我谈话了。"

"为什么呀？"

"还不是因为作文的事！我的作文总也写不好。一仑，你的作文写得那么好，能不能给我传授点秘诀呀？"吴飞因为作文的事没少被老师单独辅导，可不知为什么，老师越

是辅导他越写不好。

"我表哥时常给我指导作文写作，他现在正上研究生呢，每次暑假、寒假的时候，他都会回老家，我就去找他取经，呵呵。"

"你小子，快给我说说。"

"嗯，"一仑把白板换到另一只手上，"我表哥说，作文的学习可以分成三个部分：词汇、句法和行文。"

"听着挺有意思的，不过什么叫词汇、句法和行文呀？"吴飞问。

"嗯，一时半会儿我也说不清楚，不过我可以举几个例子。"

正说着呢，已经走到了最后一个红绿灯。

"吴飞，咱们明天再说吧，我得先回家，真不好意思。"

"没事。"

# 理财等式

一仑总觉得老爸是个非常严肃的人，平时难得和他聊上几句话，每月一次的家庭会议上，也是老妈说得多，他基本不吭声。不过老爸真出差了，一仑还挺想念的。

"老婆、儿子，我回来了！"老爸的嗓门真大，在屋里看书的一仑兴冲冲地跑了出来。

"一仑，你前段时间不是说要学速算吗？我给你带了一本《心算与速算》，你可以看看。对了，这次从海南回来，还给你们带了正宗的青芒果。"

"先坐着吧，一会儿就开饭了。"老妈在厨房里准备晚饭。

"老爸，我来弄水果。老妈，你也来歇一会儿吧。"一仑把水果弄好，放在果盘里，然后跑进厨房，把做好的饭菜端了上来。

一仑老妈拿着青芒果条蘸着盐巴和辣椒面，吃得有滋有味，这还是她年轻时去泰国学习养成的习惯。

"老爸，你交代的白板我买回来了，放哪儿呀？"

"先放客厅吧，一会儿咱们讲课用。"

吃过晚饭，一仑老爸在书房里找个合适的地方把白板挂了起来。

"先活动活动，把吃的东西消化好了咱们再来讲。"老爸去外边散步了。

一仑刚开始对老爸的理财课有些抵触，但看到老爸这么用心，他觉得应该好好学习一下，而一仑的性格是决定做的事一定力争做到最好，所以他特地准备了一个笔记本，记录老爸的讲课内容。

"开课了！"老爸笑着说，"今天咱们学一个等式。"

老爸开始在白板上书写：

第1讲　理财等式

收入－支出＝余额
收入＜支出，余额为负，将会出现经济困难。
收入＞支出，余额为正，经济富余。

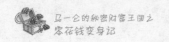

"老爸,这个等式很简单呀,'收入－支出＝余额'不就是'3－2＝1'的问题吗?"

"说得对,等式是挺简单,可它包括的内容却不简单。"老爸开始发表演讲了。

"简单来说,'收入'就是挣钱,'支出'就是花钱,所以理财也可以说就是关于挣钱与花钱的学问。但如何挣钱、怎么花钱,这里面可就复杂了。"

"老爸,怎么挣钱我不知道,难道花钱也有什么大学问?"

"当然了。就比如你班上的同学吧,他们每个人花钱都不一样的。你想一想,是不是有些人特别节省,有些人花得特别多? 有些人特别会买东西,但有些人却总也买不对?"

"老爸,你这么一说还真是呀。冯晓兵就特别会买东西,我们班上有什么集体活动,就会让他去买活动用品,他买的总是又好又便宜,而且花样还多。"

"所以说,别看这个理财等式简单,它里面有很多深奥的知识,如果能灵活运用,不只是挣钱花钱的问题,还能提高你的综合实力呢!"

一仑到厨房拿了两块西瓜,递给老爸:"老爸,吃块西瓜!"

"一仑,你看,我和你老妈工作挣的钱就是咱们家的'收入',咱们家每天的吃、穿、用都会花钱,这是'支

出'——你的零花钱也属于'支出'的一部分——如果哪一天咱们家的'支出'超过了'收入',那就说明咱们家的钱不够花,要出现经济困难了。"

"噢,可是老爸,我们班上的罗毛毛怎么说他们家有花不完的钱,是这样吗?"

"我认识毛毛爸,他是个企业家,挣的钱很多,就是'收入'多,这样用来'支出'的钱当然就多了,毛毛爸给罗毛毛的零花钱也肯定不少。不过钱怎么会花不完呢?如果你不

去挣，只是花，那是坐吃山空，总有一天要没的。"

"是呀，不过他是我们班上零花钱最多的。"一仑感叹道。

"毛毛爸是个好企业家，我的一些理财方法还是向他学习的，不过他太溺爱毛毛了，让他养成了很多不好的花钱习惯。"

老爸拿笔在理财等式下面画了一道粗线，希望一仑认真记住。

# 10％存钱法

**这** 天放学回家，一仑想起吴飞问作文的事，就给表哥打了个电话。一仑表哥每逢假期都会办一个作文培训班，为此他编写了一个辅导教材，如果能给吴飞找一份，这可比一仑自己讲要管用多了。

老爸还没回来，一仑打开电视，里面正在播出评论美国财政赤字的节目，一仑不感兴趣，就转到体育台看足球比赛。

老妈正在做饭，不一会儿，她探出头来说："一仑，把桌上放的葱拿过来。"一仑抬起头，看到老妈正望着他，脸上的皮肤非常有光泽，心想："老妈又买什么新的护肤品了吧？"

一仑把葱递过去，又看了一眼老妈的脸，这才明白，老妈的脸上因为蒙了一层薄薄的油烟，在灯光的照射下才显得特别有"光泽"。

吃完饭，一仑主动要求刷碗，搞得老爸老妈很是莫名其妙。

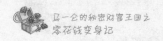

# 第2讲　10%存钱法

方法：将每个月收入（零花钱）的10%存起来。
作用：应对计划外的事。

8点钟，理财课准时开始了。

"老爸，你写的我好像能明白一些，就是存钱呗，不过'应对计划外的事'是什么意思呀？"

"嗯，咱们从头开始讲吧。这10%存钱法就是说从你每次得的零花钱里拿出10%——如果是200元零花钱，那就是把其中20元存起来。老爸小的时候，一次的零花钱也就一两毛钱，每次就只能存1分钱、2分钱。那时候我们小孩子都会有一个存钱罐，爸爸当时的存钱罐是个熊猫，呵呵，现在想起来还挺怀念它的。等攒够一年，能倒出来一大堆的硬币，就去买自己喜欢的东西。后来，老爸到银行上班，

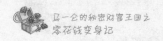

发现一个人如果能把每个月收入的 10%存起来,就可以应对很多计划外的事,所以我就叫它'10%存钱法'。"

听着老爸讲小时候的事,一仑居然没有像以前那样感到耳边有苍蝇嗡嗡叫,反倒觉得很有趣,老爸小时候也够"可怜"的,零花钱才那么一丁点儿。

"我们再来说说什么叫'计划外的事'。要知道,咱们的生活可不是一成不变的,每天都会有很多你想不到的事发生。就像你和好朋友说好明天去踢球,可好朋友突然生病去不成了,这就是计划外的事——事情没能按照原先设想的进行,而是发生了意外的事。"老爸接着跟一仑解释。

"老爸,这个我知道,这叫'历史的偶然性',我们刘老师说的。"

"呵呵,不错。不过准确来说,应该叫'未来的不可预知性',因为我们不能预知未来,所以才会有很多意想不到的事发生,等回过头再去看的时候就会觉得历史充满了偶然性。"

"这个太深奥了,老爸,还是讲你的理财课吧。"一仑听得有点晕。

"你想一下,如果每次零花钱你都能存 20 元,过年有压岁钱的时候再多存点,当你的好哥们儿过生日时,还会那么为难吗?"

"哈哈,老爸,你还记得这个事呢! 看来我还真的需要

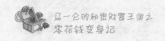

弄个存钱罐存钱了。"

　　"这个倒不必，现在你们的零花钱又不是 1 分钱、2 分钱，没有必要非用存钱罐了。如果你想存，就存老爸这儿，我直接从你的零花钱中扣掉就行了。你用的时候向老爸要，我不会过问你钱用来买什么的。不过老爸可要提醒你，一旦开始存钱，就要持之以恒，必须保证每次都存。"

　　"为什么呀，老爸？"

　　"这 10%存钱法，考验的就是你的恒心，越是坚持时间长，效果越明显。"

　　"一仑，你的电话。"老妈在客厅里喊。

　　"喂，是吴飞呀。嗯，是的，怪不得今天没看到你呢，现在还发烧吗？我向表哥要了一本材料，是讲怎么写作文的，过两天他给我捎过来，到时候我拿给你。

　　"不用谢，你好好休息。"一仑挂了电话。

03 理财基本功

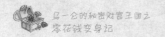

今天郑凯特别高兴。

马一仑所在的 2 班的"翔之队"和隔壁 3 班的"梦之队"进行了一场足球友谊赛,比赛踢得非常激烈,郑凯是"翔之队"的前锋,奇迹般地连进 3 球,帮助本队 3∶2 战胜了对手,你说他能不高兴吗?

一仑虽说功课成绩还行,但体育运动并不是他的强项,这也是为什么他老爸要求他每天做俯卧撑的原因。比赛时,一仑勉强做了中场替补,倒是上场了 18 分钟,可表现平平,全场没一个人为他欢呼,估计也没有谁会记住他。

回到家,马一仑没有去老爸的书房听理财课,一个人待在自己的房间,心里总有说不出的滋味。

"这孩子怎么回事呀?"一仑老妈感觉他有点怪怪的。

　　"估计是遇上烦心事了,没事的,我去问问他。"一仑老爸敲了敲门。

　　"老爸,今天先不上理财课了吧?我想一个人待一会儿。"

　　"一仑,没事吧?有什么跟老爸说说。"

　　"没事,老爸,我踢球有点累了,想早点休息。"

　　"那好吧,咱们明天再讲。"老爸没有再追问一仑。

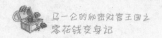
# 好记性不如烂笔头

第二天早上，一觉醒来，一仑感觉烦恼都没有了，他想，自己球踢得差，以后多练习就行了，干吗在意有多少人为自己欢呼呢？自己昨天的想法真是可笑。

今天最后一节课开班会，班主任告诉大家"第十二届中小学生作文大赛"马上就要开始了，希望同学们积极报名参加，如果获奖了还有奖金呢。马一仑报了名，他决定利用这一两周时间，写一篇比较好的作文，争取能够获奖。

又到了老爸讲课时间了。

第3讲　收支表

利用表格记录的方式让理财更加清晰明白。

"收支表是什么意思,老爸?"

"一仑,你看,"老爸在白板上画了一个表格,"咱们理财的时候每个月都有收入、支出,时间长了,光靠脑袋记肯定是记不住的,所以,咱们需要画个表,把咱们的收支情况记录下来,就是这样的表。

表 3-1　零花钱收支情况

| 日　期 | 收　入 | 支　出 | 余　额 |
| --- | --- | --- | --- |
| 6 月 7 日 | 200 元 | — | 200 元 |
| 6 月 9 日 | — | 20 元 | 180 元 |
| 6 月 20 日 | — | 30 元 | 150 元 |
| 6 月 30 日 | — | 10 元 | 140 元 |
| 合　计 | 200 元 | 60 元 | 140 元 |

"这个表格的第一项是日期,第二项表示你的收入情况,第三项则表示支出情况。你看,在 6 月 7 日,你有了新的收入,是 200 元,但你没有支出一分钱,所以余额显示为 200 元。到了 6 月 9 日,你支出了 20 元,余额就剩下 180 元了,依此类推,最后我们还加了一行合计。其他日子里,没有收入、也没有支出,咱们就不用列在表格里了。"

"嗯,我明白了,就是把自己挣钱、花钱的情况都记录下来。不过,老爸,这么简单需要列个表吗?我自己都可以

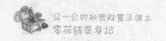

记住的。"

"一仑的脑袋那么聪明,我相信你当然可以记住,可时间一长就很难说了,呵呵。另外,咱们上面这个表格有些简单了,你再看看下面这个,还能记得住吗?"

**表3-2　零花钱收支情况明细表**

| 日　期 | 收入项目 | 收入金额 | 支出项目 | 支出金额 | 余　额 |
|---|---|---|---|---|---|
| 6月7日 | 零花钱 | 200元 | — | — | 200元 |
| 6月9日 | — | — | 帽子 | 20元 | 180元 |
| 6月20日 | — | — | 生日礼物 | 30元 | 150元 |
| 6月30日 | | | 文具 | 10元 | 140元 |

"老爸,你又增加了内容。"

"是呀,不光有收入多少;还有收入是从哪儿来的;不光有支出多少,还有支出到什么地方了。你看,6月7日的200元收入是老爸老妈给的零花钱,而6月20日支出的30元则是因为购买了生日礼物,这样是不是非常清楚明白?"

"真的是这样,以后我要是不知道钱花哪儿了,一查这个表就知道了。"

"这个表也还很简单,等你以后参加工作了,会遇到更加复杂、更加繁琐的收支表,不过它们的基本原则都是一

个,就是要清楚、准确地记载收支情况,便于查阅、核实和计算。"

一仑点了点头,似乎是明白了老爸所表达的意思。

"对了,你们昨天是不是踢足球赛了?"

"是呀。"

"你们安排战术的时候是怎么做的?教练是口头说,还是画示意图?"

"教练就是我们的体育老师,他是拿个板子给我们画了示意图,然后讲解。"

"其实画示意图也和咱们做收支表格是一个道理。教练如果只是口头指导,你们很可能理解不了,但他画了出来,你们就可以很清晰地看出教练的意图。"

马一仑老爸把白板上的内容擦掉,问一仑:"儿子,刚才白板上写的你记住了吗?"

"这个……老爸,你都擦掉了,我怎么会记得?幸亏在笔记本上有记录,呵呵。"

"还是记下来好吧?真像那句老话说的:'好记性不如烂笔头。'"老爸得意地说。

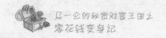
# 事前计划事后总结

**早**上起来上学,一仑老爸也正准备出门。

"一仑,今天晚上的理财课咱们先不上了,给你布置个任务,写一个下个月的'花钱计划'。"

"什么'花钱计划'呀,老爸?"

"就是你下个月准备花多少零花钱,都花在什么地方,

老爸想看看你的计划能力。"

今天学校没什么事,一仑写完作业就回家了。

晚上老爸果然没有讲理财课,钻进书房写他的小说去了——据说他正在创作一部比《福尔摩斯探案》还伟大的侦探小说。

一仑洗漱完毕,坐在床上,打开台灯,先写了今天的日记,然后闭目思考老爸说的"花钱计划"。

"这可真是让人摸不着头脑,花钱也需要计划?那还不是该花了就花,再说了,我怎么知道将来一个月内自己会买些什么?"一仑想了半天也不知道该如何下笔,等了半天,终于让他憋出了几句话:

1.零花钱收入 200 元。

2.零花钱支出:
　买书 60 元;
　买零食 100 元,
　其他 40 元。

花钱计划

"这个计划也太简单了!"一仑觉得自己写的计划肯定无法通过老爸的审查,不过,实在也写不出更多的内容了,睡觉算了。

第二天晚上,准时"开课"。

马一仑老爸看看儿子写的计划,说:"第一次就能写成这样,还算不错。"接着,他开始在白板上写:

第4讲　理财计划与
理财报告

规划能力与总结能力——做好理财的
能力基础。

"一仑,问你个问题。"

"老爸,你问吧。"

"当你在写'花钱计划'的时候是什么感觉呀?"

"感觉?我就觉得特别难写,我要挖空心思地拼命想,

从 1 号想到 30 号，想我可能会买什么东西，可能花多少钱，而且花钱总数还不能超过零花钱总数。"

"呵呵，这就对了。写计划是这样的，通过写，你能认真地去想该如何使用零花钱，如果你什么都不想，只是由着性子来，一个月不到，可能你的零花钱一分不剩了。或者，有的人会走上另一个极端，就是零花钱省着一分钱不花，最后倒是攒了不少钱，但需要的东西一个也没买。

"老爸以前让你写学习计划也是这个道理。你要写一个月的数学学习计划，就会拼命想该怎么安排时间最合理，怎么学习最省力。这样经常做计划，到最后就会变成一种能力，你甚至都不用在纸上写，只是闭上眼睛一想，一个计划就出现在大脑中了。"

"这么神奇？"

"是呀，不过这需要长期的练习。"

"嗯，老爸，你说我做这个'花钱计划'有用吗？我记得你之前说过一个词叫'计划外的事'，你说我都计划好了，可发生了很多我想不到的事，需要花钱，那计划岂不是没什么用了？"

"说得好！有句话叫做'计划跟不上变化'，说的就是事情经常会变化，但为什么我们还要做计划呢？有了计划，我们就有了一个依据，如果事情有变化，我们只要适时调整计划或者重新制订计划就行了，这样，你总会很主动地把

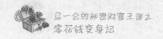
控生活,而不是被动地跟着事情转。"

一仑老爸站起来活动了一下,接着对一仑说:"有'花钱计划',相对应的就有'花钱总结'。咱们在一个月开始前计划钱怎么花,等这个月过完了,再做个总结,看看钱都花在什么地方了,哪些是不该花的,哪些是该花没有花的,等再做计划的时候就会做得更好了。"

04 一仑的问题

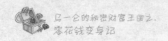

今天是很平常的一天，除了一件事——老爸和老妈吵架了。

一仑觉得，大人们在吵架方面的表现还不如小孩子，小孩子吵完没多久就又开心地在一起玩，大人们却死撑着面子不认错，还得靠他来做中间人——在老妈面前帮老爸说好话，在老爸面前帮老妈说好话。唉，真没办法，大人们就是让人操心呀。

终于让爸爸妈妈重归于好了，一仑伸伸懒腰，拿出他珍贵的照片集细细品味。这本照片集可是一仑费了很大劲收集的，里面有他和周杰伦的合影照，有去泰山时拍下的"亲吻太阳照"，还有他获得"三好学生"时的领奖照……反正都是值得纪念的。

"哈哈……"一仑看到一张照片，忍不住笑了起来。那

是他 10 岁的时候,和爸爸妈妈回江西老家过年,跟着长辈们一起包饺子,结果饺子没包几个,脸上弄得到处是面粉,这场景恰巧被拿着相机的大舅妈给抓拍到了。

不一会儿,睡觉闹钟响了,一仑把照片集整理好放进抽屉,明天不上课,可以睡个懒觉了。

# 钱从哪里来（上）

"一仑，起床了！"

一仑睁开眼，看看表："老爸，这才几点呀？今天又不上课，让我再睡会儿吧。"

"再睡太阳都照到屁股上了，快起来，吃完早饭，咱们还要到博物馆参观呢。"老爸没答应一仑的要求。

没办法，只好爬起来了。

"老爸，你真是个'催命鬼'，刚才正梦到我数学考了满分，冯老师在表扬我呢，你这一催全没了。"一仑真是懊恼得不行。

"哈哈……"一仑妈妈笑了起来，"一仑，你什么时候也开始做白日梦了？快吃饭吧。"

博物馆离一仑家并不远，大约有 10 里地。这几年城市发展很快，路上的车越来越多，但空气也越变越糟，一仑以前经常和老爸散步、谈心，现在次数少多了。昨天老爸看报纸，说今天的空气质量难得一见地优，所以他们没有坐地铁而是步行出发。一仑和老爸一边走，一边聊学校的事，张

老师自行车的轮胎被人扎了，李老师有男朋友了……当然，也说了这个星期都学习了哪些新知识。

　　每次来博物馆，都是一仑爸充当讲解员，不过今天刚好碰到博物馆的专职讲解员给一个小学生参观团讲解，一仑和老爸就尾随其后，充当听众了。

　　很快，大家参观了史前文物、商周青铜器、历代陶瓷器、历代玉器——虽然之前一仑也参观过，但这次有专业人士讲解就是不一样，原来每一件文物背后都有很多不为人知的故事。

　　到四楼后，小学生参观团要去看古代天文展和古代科技展，一仑和老爸只能和他们分开了，因为他们要继续往上走，到五楼参观"钱币展"。"钱币展"在五楼东北展厅，大约有 500 平方米的样子，里面陈列着从古到今的各种钱币。一仑从左边的门进去，跟着爸爸按顺时针方向沿着展柜参观，他一边看展柜上贴的文字说明，一边听老爸半专业的讲解，认真研究让人眼花缭乱的钱币。那天晚上，一仑把自己研究的成果写成了日记。在征得一仑同意后，我们把他写的内容公布出来。

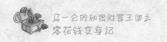
# 博物馆参观之钱币展

今天参观博物馆，又学到了不少知识，特别是那个钱币展，真是让我开了眼界。

中国古代钱币在东周就有了很大发展，但最初形成于何时却很难有定论。多数人认为是起源于商期，因为那时就有了用贝壳做的钱币，后来贝壳不够用，就用石贝、玉贝和骨贝来做替代品。到了西周，又有了用铜做的钱币，像铜块、铜锭。

到了春秋战国时期，商业变得非常繁荣，再加上有大大小小几十个国家，钱币的种类就变得非常多，像楚、陈、鲁等国使用的蚁鼻钱（俗称"鬼脸钱"），齐、燕、赵等国使用的刀币钱，魏、赵、秦等国使用的圜（读"圆"音）钱。后来秦始皇统一了六国，推出了全国法定的钱币：秦半两，就是那种外圆内方铜钱，后来被称为"孔方兄"。在以后两千多年的封建社会里，铜钱的发展并没有多大变化，只是重量、图案会有一些改变，但一直在使用。

在我们祖先使用铜钱的时候，同时出现了几种金属钱币也值得注意，一个是金，一个是银。

春秋战国时期，那些国家在使用各种钱币的时候，其实黄金已经成为一种重要货币了。因为当时各个国家的钱

币都不一样，所以国与国之间如果做生意，一般都会使用黄金，这样比较好统一。后来，黄金就作为一种"钱"存在着，一直到现在。

白银和黄金的作用非常相似，只是因为它的提炼技术比较难，所以出现得比黄金晚。

到了宋仁宗天圣元年（1023年），除了黄金、白银、铜钱等这些老百姓用了两千多年的"钱"，由官方正式发行的纸币"官交子"出现了，它比美国（1692年）、法国（1716年）等西方国家发行纸币要早六七百年，是世界上发行最早的纸币。

到了现代，我们又有了银联卡、支付宝等电子货币，说不准哪一天纸币都用不上，只要带一张卡就可以走遍天下了。

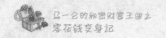
# 钱从哪里来（下）

一仑和老爸从五楼坐电梯下来，看到那个小学生参观团也参观完了，在一楼大厅那儿集合，拍照留念呢。

"现在的孩子真是幸福呀，我小的时候别说是参观博物馆，就是想看本课外书都挺难的。"一仑爸感叹道。

"老爸，您就别感叹了，您小时候是没参观过博物馆，没读过几本课外书，可也没有像我们这样有那么多作业呀！"一仑觉得老爸说的话有以偏概全之嫌。

"哈哈……说得对，老爸说的有问题，你们现在的小孩子在某些方面是比我们小时候幸福了，可有些方面也确实更不幸福了。"一仑爸立刻纠正自己的观点。

他们两个人就这样一边说一边往回走。一仑精力比较旺盛，参观了半天也不累，在前面一蹦一跳，还一直让老爸走快点。

"爸，我突然有个问题。"一仑放慢了脚步。

"嗯，什么问题？"

"我看钱币展中说，在商代的时候就有钱币了，是用贝

壳做的,那在商朝以前是什么样呀,那时候有钱吗?还有,是谁想出来用贝壳做钱的?钱到底是谁发明的?"一仑一股脑儿抛出了好几个问题。

"嗯,一仑,你提的问题不好回答呀!有很多科学家研究过,也提出过很多假说,但钱究竟是什么时候产生、是如何产生的,没有一个人能百分百确定,如果咱们能回到古代就好了,就能弄得清清楚楚。"

"噢,是这样呀。"一仑有点失望。

"不过没关系,老爸可以给你讲一个关于钱的故事,虽然也是我的猜想,但会给你一些启发的。"

在很久以前,地球上可没有现在这么多的人,而且生存环境恶劣。为了更好地生活,人们通常以部落的形态群居在一起,几个距离比较近的部落就形成了小镇——就是后来城市的雏形。小镇与小镇之间往往是人迹罕至的地方,野兽经常出没。

小镇中的人快乐地生活着,他们学会了种粮食,虽然还不懂如何提高粮食产量,但赶上好年景的时候,收获的粮食可以吃上大半年的。后来,有人居然把野猪驯化成了家猪,大家吃肉也用不着天天打猎了。

有了粮食,有了肉吃,人们终于不再为"什么时候被饿死"的问题困扰,他们有了空余的时间,能做些其

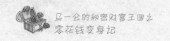

他事了。有的人就去开垦些荒地，觉得如果能收获更多的粮食，以后就不用为粮食忙了；有的人还依旧去打猎，总能打些野味回来；有的人利用自己的一技之长做些大家都用得上的陶碗；还有人把兽皮做成漂亮的衣服，这可比其他人粗手粗脚做的要好看多了；有的人挺聪明，居然会提炼大家吃饭时都需要的盐巴……渐渐地，人们的生活用品越来越丰富了。

于是，这样的情形出现了。

那些经常出去打猎的后来被叫做"猎人"，他家的野味太多了，自己吃不完，想跟别人换点粮食吃；那些经常做衣服的后来被叫做"裁缝"，他家的衣服做得多了，想跟别人换个陶碗、陶缸……

怎么去换呢？

群众的智慧是无穷的，大家想到了办法。那时候最珍贵的东西仍旧是粮食，所以无论想换什么，都可以用粮食去换。裁缝想换陶碗，就可以拿一袋粮食去换，谁想要裁缝的衣服，拿粮食去找裁缝就行了。就这样，粮食成了大家的交换标准。

但问题马上就出现了，粮食拿着不方便，又不易保存，再说有些人粮食很多了，不想再要了，总不能把粮食都放坏了吧。

怎么办呢？

　　群众的智慧是无穷的，大家又想到了办法。当时大家拿粮食去换东西，一般都是在保证有粮食吃的前提下拿多余的粮食去换，换句话说，用来换东西的粮食一般不是用来吃的，而只是为了交换，既然这样，我们也可以用别的东西做这种交换工具呀，为什么非得用粮食呢？

　　大家想到了美丽稀有的贝壳。小镇的领袖给每个

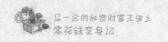

人发了50枚特别制作的贝壳，上面有小镇各个部落的名字，人们可以拿着贝壳在部落间换东西，每个人都得遵守这个规则。

于是，猎人拿着贝壳去粮食多的农家换了五袋米；做盐巴的就用贝壳去找裁缝换了一件兽皮衣……大家只要拿着贝壳就可以换东西，确实方便多了。

不知哪一天，大家发现有个好吃懒做的人制作假的贝壳，想跟别人换粮食、肉和衣服，大家把他带到领袖那里，对他进行了处罚，罚他种地两年，收获的粮食除了自己吃的，都要上交小镇的公共粮仓。领袖还和大家商量，制定了一条规定：以后凡有人制造假的贝壳，除了没收这些贝壳外，还要罚造假者三年无偿种地。

后来，人们提炼出了金、银、铜等金属物质，发现用它们做的东西体积小、易于分割、不易磨损、便于保存和携带，而且这些东西比较珍贵，不是谁都可以拥有的，于是大家就用这些金属做成块或条来替代贝壳。再往后，人们又学会了铸造技术，就把这些金属做成具有一定形状、重量、成色和面额价值的铸币，我们所谓的"钱"终于正式形成了。

故事讲完了，一仑好像还没反应过来，仍旧瞪着眼睛

看着老爸。

"傻小子,想什么呢?"一仑爸拍了一下他的肩膀,"所以说,钱并不神秘,它其实是一种交换工具。"

"可是老爸,"一仑问,"钱只是个交换工具,那为什么有人会拼命地想拥有数不清的钱呢?"

"那是因为钱有一个很神奇的特点,叫'价值贮藏',它可以储存购买力。"老爸用很专业的术语跟一仑解释。

看到一仑迷惑不解,老爸接着说:"没关系,明天晚上的理财课咱们就讲这个。"

# 爱钱之心人皆有之

星期天没什么事,老爸和他的同事去打网球了,老妈去逛街了,一仑感觉无事可做。如果不是老爸坚持,一仑早就和好朋友们一起上兴趣班了,真不知道老爸他是怎么想的,说上兴趣班还不如在家里多看点书呢。

不管那么多了,没有好朋友一起玩,自己玩吧。一仑拿了健身卡到附近的健身房去打羽毛球,玩了有 40 分钟,出了满身大汗,真是畅快呀!回到家,一仑先洗了个澡,换了套衣服,从书柜中抽出还没有看完的《三国演义》,坐在阳台的椅子上悠闲地读起来。

"一仑,怎么睡着了?"一仑睁开眼,看到爸爸妈妈都回来了。刚才不是在看书吗?不知道什么时候居然睡着了,书也掉在了地上。

接着又是一阵忙碌,做饭、吃饭、散步,到晚上 8 点的时候,一仑和老爸又到书房里去,要讲新的理财课了。

第5讲 爱钱之心
人皆有之

钱可以储存购买力,拥有钱就拥有了购买力,拥有很多的钱就拥有了很多的购买力,所以钱也成了社会财富的象征,这就是人为什么喜欢钱的原因。

"本来,钱只是一个交换工具,但它还有一个非常特别的性质,就是'价值贮藏'。"老爸从口袋中掏出了一张100元的钞票,"你看,一仑,假设现在你是卖图书的,而我要买100元的书,我把钱给你,你就会把书给我,这是很简单的一种交换。现在看另一种情况,我不买书,而是把这100元先收着,过两个月我再去买,行吗?"

"当然行了。"

"那我放上一年呢?"

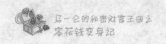
"也行呀。"

"我们不考虑涨价因素，那么我这100元即使放上10年，到时候拿出来仍旧可以去向你买书。"

"对的,老爸。"

"你看,我这100元购买力不会随着时间改变(不考虑涨价),无论什么时间、无论什么地方、无论对什么人,只要我拿出来,就可以买东西。"

"是呀。"

"如果我们将100元的购买力设为1级的话,200元就是2级,500元就是5级……如果有个人有100万,你说他的购买力是多少级？"

"那是1万级呀！"一仑突然想起游戏中的人物升级,如果能从1级升到1万级,那该多厉害呀！

"现在你明白人们为什么喜欢钱了吧？这钱里面贮藏着购买力,这种购买力不会像蔬菜那样因为存储时间长而腐烂,也不会因为换个地方而失效。拥有的钱越多,购买力就越强;购买力越强,能买到的东西就越多——那当然是'爱钱之心人皆有之'了。"

"老爸,这样说来,那我们不是应该去拼命挣钱,有了钱就可以买很多东西了,为什么还要理财,还要维持'收入'与'支出'的平衡,只要钱挣得多,当然也就可以花得多,干吗还要存钱、还要节俭？"一仑似乎对以往的一些事

情有了不同看法。

"一仑,你又问了一个非常深奥的问题,我可以给你解释,不过估计你会有点理解不了。"

"没关系的,老爸,我就是好奇,你要是不讲我会想得睡不着觉的。如果我现在理解不了,可以记在本子上,以后去慢慢学习。"一仑真是有一股打破砂锅问到底的精神。

一仑老爸心里想:"真没看出来,这孩子还真有股劲,非要问个究竟。"

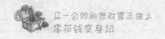
# 为什么要理财

　　一仑爸闭上眼休息了一会儿，大脑飞速地旋转，搜集所有能用到的知识，要把"为什么要理财"说清楚还真不是件容易的事。

　　"从哪里开始讲呢？"一仑爸像是在自言自语，他拿起笔在白板上写了一个等式：

$$单位时间收入＝总收入／工作时间$$

　　"一仑，下面你来算一个数。我一个月工作 22 天，每天工作 8 小时，收入是 16000 元，你算一下，我每个小时的收入是多少？"

　　一仑低下头，在纸上算起来。

　　"老爸，算好了，约等于 91 元。"

　　"嗯，和我算的一样。一仑，你看，老爸平均工作 1 个小时，可以挣 91 元钱。这就是白板上写的等式的含义，用总的收入除以总的工作时间，就能得出单位时间的收入。"

"老爸,要是我想买个 200 元的变形金刚,那你就得工作两个多小时呢!"

"呵呵,是呀,所以也可以说,老爸的这两个多小时是被你支配了。"

一仑的大脑飞快地计算着,如果他一个月花了老爸 360 元,就相当于这个月老爸有 4 个小时是为他工作的;如果花了 450 元,那就是 5 个小时。

"一仑,你不是想弄明白为什么要理财吗? 前面咱们讲这些都是个铺垫,下面才是主题呢!"老爸喝了一口水,接着说,"其实,世界上的每一个人,无论他是做什么工作的,我们都可以用刚才那个等式来计算一下他的单位时间收入。反过来说,我们计算出来他的单位时间收入后,就可以估计他一年、两年直至十年的总收入。我们可以假设这个人的单位时间收入不变,然后乘以工作时间,就可以得出总收入了。"老爸在白板上把刚才的等式又换了个形式:

$$总收入 = 单位时间收入 \times 工作时间$$

"但是,问题来了。"一仑爸加重了语气,"一个人的生命是有限的,在有限的生命里,能用来工作的时间也是有限的,这就注定了你这一辈子能挣到的钱也是有限的,如果你没有理财意识,不能认识到自己的挣钱能力,最后

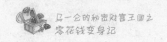

花的钱远远超过了能挣到的钱，那你的人生就成了负债的人生。"

"老爸，我理解你的意思，你是说，一个人挣到的钱是有限的，如果这也买那也买就会把有限的钱花光，弄得很狼狈。"

"是的。不过，我们也不能走向另一个极端，这也不买那也不买，那样生活也会变得很无趣。"老爸笑着说，然后又在黑板上写了几个字：

1. 提高单位时间收入。
2. 实现钱的最大效用。

"如果因为钱挣得少什么也买不了也是一件很痛苦的事。一仑，我们刚才说了，人这一辈子工作时间是有限的。就说老爸吧，如果老爸一直是 1 个小时挣 91 元钱，那我即使一天工作 24 个小时，也只能挣 2184 元，有很多需要买的东西还是买不了。所以，我们必须得想办法。"

"有什么办法呢？"

"你看我白板上写的，最重要的一条就是提高单位时间收入，如果老爸 1 个小时不是挣 91 元，而挣 910 元，那总收入就是原来的 10 倍，岂不是能买到更多的东西？"

"哇，是呀，老爸。"

"还有呢,就是我们要实现钱的最大效用,说白了就是会花钱。"

"那怎么才算会花钱呀,老爸?"

"这就多了,比如说买东西的时候不要买那些不需要的东西,注意节省;或者把一部分钱花到投资上,买些股票什么的,实现钱的增值。一仑,平时要注意多观察生活,你会发现有很多花钱的高招的。好吧,今天就讲这么多了,时间不早了,睡觉吧。"老爸打了个哈欠。

转眼又是星期一,一仑表哥打电话过来,说这周三要回家一趟开个贫困生证明材料,刚好可以给一仑带一本作文教材。

05 省钱小窍门

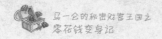

吴飞家。

"妈,你先坐下来,我给你弹首歌。"吴飞是个音乐才子,从小就喜欢唱歌,上小学六年级的时候迷上了吉他,现在每周他都会去上吉他兴趣班。吴飞妈下班回家累的时候就会让吴飞弹首歌,她坐在沙发上,闭上眼睛静静地听,一身疲惫很快就消失了。

"小飞呀,又学什么新歌了?"吴飞妈问道。

"妈,在兴趣班上没学新歌,只是练了手法,老师说我拨弦的节奏感又有进步,和弦转换也特别到位,如果努力会弹得更专业。"吴飞说的时候充满着自豪。

"嗯,不错嘛。"

吴飞拿出了他的吉他,让老妈坐在沙发上,然后说:"妈,我知道你喜欢听老歌,我特地练了一首齐秦的《大约

在冬季》，现在就弹给你听。"

屋里响起了动听的音乐。

又是忙碌的一周，孩子们在学校学习，有开心的时候，也有烦心的时候；大人们在上班挣钱，有顺心的时候，也有发牢骚的时候。

"吴飞，我是一仑呀。"

"是一仑呀！我在家呢，有什么事吗？"吴飞很意外一仑会晚上打电话过来。

"告诉你一个好消息，我从表哥手里拿到作文教材了，就是上次我跟你说过的他自己编写的那个教材。"

"太好了，我还以为你忘了这个事了，呵呵。"

"怎么可能呀！对了，这周六你在家吗？我去找你。"

"我上午去上个兴趣班，下午我就在家了。"

"还是那个吉他兴趣班吗？你小子就是多才多艺呀！那我下午4点去找你。"

吴飞放下电话，赶紧把这个消息告诉老妈："妈，一仑后天下午来咱家，要给我送一本作文教材，我得把作文好好练练了。"

"难得你这么用心学习，放心吧，到时候给你们准备好吃的。"

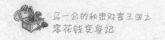
# 吴飞老妈的"金算盘"

　　一仑把表哥给的那本作文教材装好,去找吴飞。因为是下午,路上的行人并不太多,一仑靠着路边走,正巧看到林雅雯从对面走过来。

　　"雅雯,这么巧呀,忙什么去呀?"一仑问。

　　雅雯这才看到一仑,她停下了脚步,抬抬胳膊,示意让一仑看她手上提的东西。一仑瞅了瞅,发现是一袋水果。

　　"一仑,我姥姥刚出院,在家里休息,爸爸妈妈今天早上已经过去看她了。我是因为要上数学辅导班,没和他们一块儿,现在我就赶过去。"原来雅雯刚上完辅导班,买了水果去姥姥家。

　　"那我就不耽误你了,我刚好也要去一下吴飞家,再见。"一仑礼貌地和雅雯道别。

　　"吴飞,我来了!"一仑一边按门铃,一边大声喊,生怕吴飞听不见。

　　"欢迎帅哥光临,快坐,先吃一块西瓜再说。"吴飞让一仑坐到了沙发上,把准备好的西瓜端了上来。

"这就是我说的那本教材。"一仑将一本 32 开的小书递给了吴飞。

吴飞将书拿在手上，书不厚，总共有 80 来页，草绿色的封面上印着"作文训练"四个字，打开第一页，上面写着这样一段话：

作文就是做文章。那为什么要做文章呢？因为人们有表达的需要。看到美景，想把它记录下来，这是一种表达；给别人讲一件事，这是一种表达；说出自己内心的想法，这也是一种表达。

人们的表达分两种：口头表达和书面表达，各有各的特点，各有各的用处，我们做文章就属于书面表达的一种。既然我们的作文属于一种表达，那就要符合以下两点要求：

1. 你的作文要能准确表达内心的想法、准确描述要叙述的事情、准确展现你要描绘的事物。

2. 你的作文要能让读者读得懂。

一句话：你要说得清，别人还要读得明。如何做得到呢？我们从三个方面来训练：词汇、句法及行文。

"一仑，在我家玩一会儿吧，然后一起吃晚饭。"吴飞把书先收了起来。

"是呀,一仑,就在这儿吃饭吧。"吴飞妈妈也说道。

一仑点点头,然后用吴飞家的电话跟爸妈说了一声,自己就在吴飞家吃饭了。

"李阿姨,你有什么省钱的诀窍吗?"一仑边吃饭边问。

"省钱的诀窍?"吴飞妈觉得一仑的问题很奇怪。

一仑赶紧解释:"李阿姨,是这样的。最近我爸爸给我讲了几节理财课,就是关于挣钱、花钱的课。这不'第十二届中小学生作文大赛'快开始了吗,我想写一篇和以往完全不同的作文,题目我还没定下来,不过是关于零花钱方面的。我在这方面没有什么经验,老爸就让我做'社会调查',多向长辈请教。"

"哈哈……原来是这样呀。"李阿姨听了一仑的解释觉得特别有意思,不由得笑了起来。

"真没想到,你这个孩子还挺用心的,就给你说说我生活中的一些经验吧。"李阿姨一边说,一边给一仑夹菜,让他多吃点。

"要说省钱的诀窍,我还真有几手呢,要不你叔叔怎么会佩服我是个'金算盘'呢。"看来李阿姨对她的省钱能力还真是有自信。

"第一招叫反季节购买。你看阿姨身上穿的这件 T 恤,是在冬天买的,我还经常在夏天买棉鞋、羽绒服,在冬天买单衣——这些都是反季节购买。道理很简单,在夏天买羽

绒服的人少，所以卖家的价格升不上去，很多情况下还要降价处理。

"第二招叫做延迟购物，不过这招可不是谁都可以使的。你们看现在市场上的电子产品，它们都有一个非常明显的特点就是更新换代快。一款数码相机刚开始 3000 元钱，没过半年就变成 2500 元钱了。一台配置高点的笔记本电脑，早些时候没 1 万元下不来，可你看现在的笔记本，5000 元钱就可以买一个非常好的。如果一件商品有更新换代快的特点，不妨就考虑一下延迟购物——新品上市的时候，一定要克制自己追时髦的冲动，先不着急买，等价格开始松动下降的时候，找准机会出手，哈哈，绝对是'买得称心，用着舒心'。不过，如果你是一个喜欢买新产品的人，什么新买什么，这一招对你就没什么用了。"

李阿姨看一仑和吴飞吃得差不多了，就站起来收拾碗筷，一仑和吴飞也跟着帮忙，三个人就挤在厨房里，一边聊天一边洗锅碗。

"老妈，果然名不虚传呀，怪不得老爸说你是'金算盘'呢！老妈，还有别的招吗？"吴飞以前还真没有在意过老妈的这些省钱高招。

"当然还有了，这第三招叫做买卖二手货。咱们刚才吃饭用的桌子就是我在'丽苑社区网'上淘来的，呵呵。"吴飞妈得意地说。

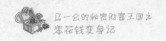
"李阿姨,'丽苑社区网'是个什么网呀？"一仑之前好像没听说过这个网站。

"具体是谁建立的我也不知道,反正在丽苑家园住的人经常会上这个网,有什么不用的东西都放在网上,低价出售。自己不用的东西卖了,可以换些钱,而买别人出售的二手货,又会省不少钱,多划算的事！我们家书房里的那个书柜是我从一位老教授家淘来的,那个教授搬到新的地方住了,他的子女就把这些东西出售了。你们来看,多棒的一个书柜！那个老教授一定是一位非常爱惜物品的人,用了那么久的东西还保护得这么好。"

一仑跟着李阿姨来到书房,靠左手边是一排组合书柜,把整面墙都占满了。书柜确实很漂亮,只有个别地方擦掉了一点漆。

"来,一仑,吃个苹果,我接着给你们讲省钱的小诀窍,呵呵。"吴飞妈和一仑、吴飞在大厅的沙发上坐下,接着聊刚才的话题。

"一仑,阿姨还有一招省钱方法,叫用现金不用卡。"

"不用卡？那会不会很不方便呀？"

"呵呵,是呀,用卡很方便,轻松一刷钱就花出去了。阿姨可不是什么时候都不用卡的,要分情况。当我逛街的时候,一般会带现金,因为看到好看的衣服我就想买,这个时候如果用卡,刷一下,一点感觉也没有,可要是拿出几张

100元的钞票,那感觉就不一样了,就会认真考虑一下这衣服是不是真的要买。其实,用现金不用卡就是一个提醒自己不过度消费的小手段。"

"哈哈,老妈,你还挺逗的。"

"这第五招呢,叫做不买非必需品。什么叫非必需品呢?就是没有它,照样可以完成一件事。比如我们去游泳,一定要带泳衣,不然就没办法游。至于你要不要在嘴里含块口香糖,要不要在腰间别个大红花,这都不影响你游泳,所以,对游泳来说,口香糖和大红花就是非必需品,而泳衣就是必需品。不过,说起来简单,做起来却并不容易,我们大人就经常会买一些非必需品。只要看到有打折的、清仓处理的,就会觉得东西很便宜,不买白不买,结果买了很多东西回去,放在那儿再也没动过,看似占了便宜,其实是浪费了钱,买了一堆非必需品。"

"我妈就经常抱一大堆衣服回家,嘿嘿。"一仑笑着说。

"是呀,省钱的招虽然有,但人们却经常控制不住要买很多东西,所以说省钱是需要控制力的。"吴飞妈抬头看看钟,已经到晚上6点半了,一仑得回家了,太晚了外面不安全。

"一仑,该回家了,不然你爸妈要着急了。"李阿姨关心地对一仑说。

"嗯,阿姨,我要回去了,改天再向你请教。"

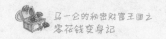
"什么请教呀,其实你可以问问你妈,她肯定也有不少诀窍。我们这些做母亲的,天天操持家务,哪一个没有一手'金算盘'呀!"

"那我走了。对了,吴飞,你先看那本教材吧。我表哥暑假回来还会办他的作文培训班,你要是有什么问题想向他请教,我带你去。"一仑向李阿姨和吴飞挥手告别。

# 一篇与众不同的作文

离作文大赛的时间越来越近了，一仑一直留意各种与理财有关的信息，还向大人们请教如何花钱、如何挣钱，他把这些内容都记录在小卡片上。这天晚上，一仑把积攒的小卡片拿出来，按顺序排好，又认真地看了一遍，开始列作文提纲。

到周四的时候，一仑终于把作文写出来了。放学回家，他把写好的草稿拿给爸爸看，让他提点修改意见。一仑老爸把作文本打开，开始低声地读起来。

## 零花钱

记不清从什么时候开始我就有零花钱了，好像是幼儿园吧。每次上学前，爸爸妈妈都会给我钱，这时候我总是很开心，因为拿这些钱可以买吃的、玩的。

上了初中，零花钱"涨"了不少，这让我偷偷乐了很长时间。直到某一天，我的头脑中突然出现一个疑问：这些零

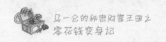

花钱是从哪里来的？我的同桌徐莽（化名）说当然是从父母那儿来的，可我不明白，父母的钱又是从哪儿来的呢？

后来我才知道，父母的钱是他们辛苦工作挣来的。我还计算过一个数据，如果爸爸1个月能挣16000元，按每天工作8小时，1个月工作22天算，那他1个小时大约挣91元，我每花91元，就需要爸爸工作1个小时。有人说："时间就是金钱。"我觉得可以反过来说："金钱就是时间。"挣钱是需要去工作的，工作是需要花时间的，怪不得有次爸爸答应带我去动物园，结果因为要在单位加班而失约了。

爸爸告诉我，现在我还是学生，主要"工作"是学习文化知识，等以后参加工作也能挣很多钱，那时候就不用他再给我零花钱了，现在我只要学会如何"花钱"就行了。

我原以为爸爸是在开玩笑，"花钱"还要学？谁还不会花钱呀？后来发现还真不是那么回事。我问了很多长辈，也听了老爸讲的理财课，还真学到了不少花零花钱的诀窍。我知道在买东西的时候一定要讲价，而且不能表现出非常想买的样子；我知道定期存钱可以积少成多，以备不时之需；我知道不能看到什么就买什么，要学会控制自己；我还知道要学会反季节购买……只要我们留心，就能学到很多花零花钱的小诀窍。

不止这些，有一次我向一位老大妈请教，她告诉我，小孩子总喜欢用零花钱买一些花花绿绿的小玩意儿，但这些

东西经常含有超标的重金属，对身体不好，所以她劝我不要把零花钱花在这些地方。

而我表哥则对我说，花钱时不要攀比，不能看张三买件衣服，你也跟着买；看李四买个变形金刚，你也非得要一个……跟在别人屁股后面攀比，会让你失去主见，失去人生的趣味。因为你就是你，你和别人有不同的个性、不同的家庭，只有把零花钱花在让自己真正快乐的地方才是明智的选择——表哥不愧是研究生呀，说的我都听得不太懂。

还有很多长辈给我讲他们小时候是如何花零花钱的，原来他们也会贪吃买零食，也会买一大堆永远也用不完的笔，也会因为零花钱不够花而苦恼……

零花钱的世界真是奇妙无比，我还会将调查进行下去，去发现更多的奥秘。

"写得不错，一仑，看得出来是你自己真实的感受，不像作文书上的一些范文没有真情实感，但就是重点不突出。你前面说零花钱从何处来，后面说零花钱怎样花，这两部分内容得突出一个。"一仑爸开始点评一仑的作文了。

"我建议你可以把重点放在如何花零花钱，像零花钱可以用来做善事，给希望小学的孩子捐款；当爷爷奶奶过生日的时候，零花钱可以买个小礼物送给他们；零花钱也可以用来买课外书增长知识……其他内容可适当简略，作

文标题也可改成《零花钱花法的 N 种可能》，你觉得呢？"

"嗯，就是突出零花钱如何花？"一仑向老爸确认。

"是的，一篇作文要保证突出一个重点，重点太多内容就会显得分散。"

一仑仔细考虑了老爸的话，决定把草稿改一下，突出零花钱如何花。又过了三天，一仑把定稿交给了语文老师，一件心事总算了了。

# 老妈是"潜伏"的高手

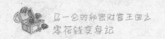
　　一仑的心情没来由变得很坏，以前听老妈讲过，说一个人的情绪会周期性波动，不知道今天的心情是不是波动到低谷了。

　　他走到自己的房间里，一个小柜子里放着他的个人用品：围棋、象棋、素描本和书法碑帖。从小一仑就兴趣广泛，学这样学那样，可都没学好，正应了那句老话："三天打鱼，两天晒网。"就是因为这样，爸爸妈妈才经常说他，他也试着慢慢地改变自己，什么事情都专注地去做，不做好绝不罢休。

　　一仑拿出素描本，坐在阳台的椅子上，远处高楼林立，偶尔还能看到几只鸟在中间飞来飞去。太阳正在慢慢地往下落，映出一片红色的晚霞，一仑觉得这个景很美，就在本子上画了起来。

　　有人说,当你心烦意乱时,最好的解决方法就是做一件喜欢的事,让整个人专注起来,这样就会忘记烦恼——说得还真有道理,你看一仑认真地作画,渐渐地忘记了周围的一切。

# 清单的妙用

  **家**里储备的"粮食"没剩多少了,老妈决定今天晚上去超市大采购。画完了画,一仑的心情舒畅多了,不过他还是想跟着去超市逛逛,就当是散散心了。

  一家人拿好购物袋,坐公交车走了三站地,来到了家乐福超市。

  "爸,给我买一个喝水的保温杯吧,我之前那个坏掉了。"一仑想起来已经一个星期没有用保温杯了。

  "咱们家的油和盐都没有了,要买点。"一仑爸说。

  "对了,我的台灯灯泡不亮了,得买个新的。"一仑接着补充。

  "还有我的黑色鞋油,已经用完了。"一仑爸也跟着说。

  一仑妈扭过头,看着父子俩,无奈地说:"真拿你们没办法,一个大男子汉,一个小男子汉,每次到超市都要'报节目单',每次都还报不全,回家就发现忘买这忘买那。"

  父子俩不好意思地笑了笑。

  "看这是什么?两个不懂操持家务的都来瞧瞧!"一仑

妈从口袋中拿出来一个小本,上面密密麻麻地写了几行字:

1. 加碘盐 2 包;
2. 调和油 1 桶;
3. 牛奶 10 小盒;
4. 鸡蛋 3 斤;
5. 大米、小米各 5 斤;
6. 台灯灯泡 1 个;
7. 黑色鞋油 1 盒;
8. 5 号电池 4 节;
9. 手纸 1 提。

清单

"老妈,你也太神了吧,该买的你都记下来了?!"

"当然了,照着单子买东西,既不会丢三落四,又能节约时间,谁让我是个'管家婆'呢!我要是不操心,你们又没人帮我操心,呵呵。对了,还有什么漏掉的没有? 赶紧说。"

"还有,我的刮胡刀没有刀片了,得买一包。"老爸突然想起来今天早上刮胡子的时候刀片已经没办法用了。

于是,按照老妈的清单,我们顺利买齐了所需的物品。

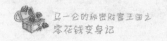
刚到学校就听到一条振奋人心的消息,班主任说再过一个星期就放暑假了。太好了,老爸说这个暑期全家要去旅游一次,一仑已经盼了很长时间了。回到家,一仑马上告知了放假时间,就是下周五。一仑爸笑着说:"好呀,学习了一个学期,可以好好放松一下了。"

"老爸,你没忘了咱们的旅游计划吧?"

"当然没忘了,等过几天,我的年假就批了,刚好你妈单位最近也不是太忙,也可以休假,到时候咱们就可以去旅游了。"

一仑妈从厨房里走了出来,手里端着做好的菜,一边往桌上放一边对一仑说:"一仑,交给你一个光荣而伟大的任务。"

"什么任务呀,老妈?"

一仑妈擦擦额头上的汗说:"咱们旅游出发前需要做哪些事,需要带哪些东西,你也列个清单,就像昨天咱们在超市一样。"

"嗯,吃完饭我就去准备。"

今天特别高兴,一仑就多看了会儿电视,到晚上 9 点钟的时候,他就回到了自己的房间。

"该准备些什么东西呢?"一仑一边仔细琢磨一边往纸上写。

1. 一定要带钱；
2. 要带吃的；
3. 要带换洗衣服；
4. 照相机；
5. 是不是要跟旅行社联系一下？

只写了五条，一仑想想好像也没有别的了，先睡觉吧。

第二天。

"不错嘛，还想到了要跟旅行社联系。一仑，你和妈妈商量一下，看想去哪个地方玩，到时候我找旅行社联系。"老爸去里屋换了套衣服，突然探出头来对一仑说，"一仑，在你的单子上加一条——带些常备药。"

一仑将写好的单子放好，想起昨天在超市的时候老妈也在本子上列了单子。"这倒是一个不错的方法，以后我买东西的时候就不会忘这忘那了，不如把这个方法命名为'列清单'吧。"

# 贵宾（VIP）席的玄机

每个人都有自己的爱好，一仑妈也不例外。她喜欢看话剧，可近年来剧场的票价越来越高，稍微好点的座位就要好几百元钱，不看吧，心里惦记，看吧，又心疼钱。俗话说得好：人的潜力是无穷的。为了能看上喜欢的话剧，一仑老妈充分发挥了自己的潜能，可真是没少想办法。

"最后决定，明天的话剧我还是要去看。"一仑妈郑重地宣布。

"妈，不是说网上提前两天都买不到票了吗？"一仑对老妈的决定有点不理解。

"是呀，到剧场也不能保证买到票呀。"一仑爸附和道。

"这场演出是我最喜欢看的《茶馆》，我想去碰碰运气，说不定我研究的新方法能见效呢！"

一仑和爸爸对视了一眼，显然他们认为老妈已经下了决心，既然这样就由她去吧。

第二天晚上10点，一仑妈回到家，虽然有点疲惫，但看起来挺兴奋。

"哈哈,我的新方法见效了,不仅看到了演出,花 70 元买的'看台票'还享受了 40 多分钟贵宾坐席呢!"一仑妈的声音特别激动,"你们两个天天研究理财,研究怎么花钱、怎么买东西,一定想不到我是怎么做到的吧?"

"真的假的?"一仑爸不相信,开玩笑说,"你可别欺骗我们这些善良的人民。"

"真的假不了,假的不能真。还不是因为本人天资聪明,善于观察市场。没办法,我自己都不得不佩服自己呀!"

"哟哟哟,说你胖还喘上了。要不,给俺们这些没见过世面的人讲讲呗。"

"想听态度还不谦虚点,去拿块西瓜过来。"一仑妈开始"摆谱"了。

"遵命。"一仑爸站起来,从冰箱里拿出一块西瓜。

"是这样的,"一仑妈开始讲了,"你们知道,这好话剧看的人特别多,票就非常紧张,有些人就囤积了好多票,准备高价出售,就是卖黄牛票。有一次,我本来晚上要去看演出的,结果单位临时有事耽误了一会儿,等到剧院的时候演出已经开演 15 分钟了,我赶紧往剧院里跑,这时候我发现有一些人还在门口卖黄牛票——可能是他囤的票有点多,没卖完。"

"妈,这和你坐贵宾席看演出有什么关系呀?"一仑插话道。

"耐心往下听呀,马上就说到了。"一仑妈吃了口西瓜,接着说,"在看演出的时候我又发现一个新情况,就是等看了半场演出,我发现最前面的贵宾席空了好几个,原以为是看演出的人去洗手间了,但直到散场都没见人回来。我想了很久,终于想清楚了其中的原因。于是乎,我很聪明地想到了一个主意。"

一仑妈脸上露出自豪的神情,故意停顿不往下说。

果然,一仑爸耐不住性子问道:"什么主意呀?"

"这次演出,到剧院后我还是没买到票,我就去找那些卖黄牛票的,从远处盯着他们,耐心地等,一直等到演出开始 10 分钟后才走过去。呵呵,演出都已经开始了,如果他再不把票卖出去,本钱都收不回来了。我就趁机跟他讲价,最后 100 元的票让我 70 元就拿到手了,虽然开场的 10 多分钟看不了了,不过一点也不影响看演出。"

"牛呀,老妈!"一仑喊道。

"也算我运气好,如果在演出开始前票贩子已经把票卖完了,就没戏了。这要是碰上刘德华、周杰伦来开演唱会,票早就没了,这招就不灵了。"

"后来呢?"一仑爸问道。

"进了剧院,看到下半场,前面的贵宾坐席又神奇般地出现了空位,我就厚着脸皮坐了过去。"

"老妈,你不怕被人赶?"

"赶了一次，人家是去洗手间了。我接着又换了个空位，一直坐到演出结束。"

"你可真会利用一切可利用的机会呀！"一仑爸感叹道。

"那当然了，你们知道我为什么敢去坐那些空位吗？"

"是呀，为什么呀？我们正感到好奇呢！"

"所以说，生活就要认真观察。我不是说我想明白贵宾席有空位出现的原因了吗？你们想想，那些贵宾坐席票都很贵，你说有几个人会自己去买呀？他们的票往往是别人

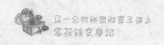
送的,而这些人真正喜欢话剧的并不多,不过既然有人送票,他们往往会来看一看,也算感受一下高雅的艺术氛围,但很多人都坚持不了全场,当然就会有贵宾席里空位的出现,我也就能悄悄地溜过去了。"

一仑妈的聪明才智让父子俩感叹不已,真没想到一场演出背后还有这么多学问。一仑妈讲完了,一仑和一仑爸还没缓过劲来,于是房间里有半分钟都没有声音,然后一仑说话了。

"老爸,我发现了一件事。"

"哟,你又有什么新发现了?"一仑爸感到很奇怪。

一仑用低沉的声音一字一顿地说:"老爸,我发现其实老妈才是真正的理财高手,她已经潜伏很久了。"

# 生活是最好的老师

　　一仑感觉老妈在理财方面真是有本事,回想她的"列清单"和"抢占贵宾坐席",让人佩服不已。还别说,当你开始敬佩一个人的时候,一些以前你没注意的事现在想起来也觉得值得回味。一仑想起了6天前帮老妈还书,老妈跟他讲如何选购衣服的事,更加钦佩她的"精明"了。

　　6天前。

　　"一仑,你是不是要去图书馆呀?帮我把这三本书还了,再借两本。"一仑妈跟正准备出门的一仑说。

　　"是呀,我借的《福尔摩斯探案集》上周忘还了,再不去还就要超期了。老妈,你让我帮你借什么书?"

　　"我把书名、作者写给你。"

　　一仑把老妈写的纸条拿过来,上面写着:

　　1.《服饰搭配》,作者:任一璐,出版社:天羽出版社;

　　2.《数码摄影入门与提高》,作者:高妙,出版社:

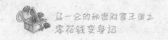

风之语出版社。

一仑把书塞进书包，一溜烟就下楼去了。

一仑去的是市图书馆，在里面待了一个小时就出来了。

"如果图书馆建得能有那些高楼大厦一半好就行了，都几十年了，还不维修一下，里面的书也少得可怜，要不是电子书看着伤眼睛，我真不想来这儿了。"一仑每去一次图书馆就会憋一肚子的火，因为他想借的书经常借不到。

回到家，一仑把借的书给了妈妈。

"妈，《服饰搭配》是讲什么内容的书呀？我发现你这两个月来一直看服装呀、搭配呀之类的书。还有这本《数码摄影入门与提高》，你不会又开始玩数码相机了吧？"

"当然是生活需要呀，不然我辛辛苦苦研究这些做什么呢！"一仑妈没想到一仑会对她看的书感兴趣。

"生活需要？"

"当然是生活需要，我和你老爸一个月挣的钱并不多，不像有的人家想买什么就买什么，要想把日子过得舒心，非得动动脑子才行呀！"

"妈，你给我讲讲吧，我特别喜欢听你讲这些有趣的事情。"一仑想听听妈妈所谓的过舒心的生活是指什么。

"就比如你问为什么看服装搭配之类的书，等咱们买衣服的时候就用得上了。你看，一仑，市场上卖的衣服一般都是批量生产的,统一的大小、统一的样式、统一的颜色,就算是耐克、阿迪达斯这些品牌店也不会给你量身定做,所以经常会出现花很多钱买到的衣服并不合身的情况。老妈看这些书,学习服装搭配,这样就能花最少的钱挑到最合身的衣服。"

"老妈,这我就不太明白了,你说穿衣服还有什么特别搭配吗?你看我们都穿校服也没什么呀!"

"呵呵,你总不能一直穿校服吧!老妈给你举个例子。"

一仑妈找了一支铅笔,一边往纸上画草图一边给一仑解释。

"你看,一个体型偏胖的人不适合穿有横条的衣服,那样会显得更胖,相反,他应该穿竖条的衣服,这样就会看起来'瘦'很多。"

"这还挺有意思的。"

"再比如,衣服的颜色不能太多、太杂,最好不要超过三种。如果全身衣服上下光颜色就有六七种,看起来一定会让人不舒服。"

一仑自己没买过衣服,妈妈讲的东西他还真没听过,感到特别新奇。

"一仑,你见过你老爸穿西装吧?在很多正式的场合都需要穿西装的。如果下次在街上再碰到穿西装的人,你就好好观察一下,你会发现很多人穿的西装并不合身。这是

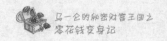

因为很多人买西装的时候不怎么认真挑选,而是就只认两个标准:一是品牌,二是大小合适。"

"老妈,难道还有别的挑选标准吗?"

"当然有了,你想想看,西装单从大种类分就有三种:美式、意式和英式;西装领型又有尖角的和缺口的。穿西装时要搭配衬衣,而衬衣又有尖领型、扣领型、方领型和标准领型。更不要说打领带时还有各种结——温莎结、单领结和双领结。每个人的脸型、身高、肤色、性格都不一样,如果不认真挑选,直接到专卖店买一套西装,你说真正合身的几率高吗?"

"还真是呀,老妈,怎么买衣服都这么麻烦呀?"

"懂了就不麻烦了。你看,我给你爸挑的西装价格不到大品牌西装的一半,但搭配得好,把他那种做事干练、果断的特点都突显出来了。有的人不注意这些,在他没有休息好、满脸倦容的时候还穿缺口翻领西装,就会显得更没精神。"

一仑虽然没有完全听明白,但他能够理解老妈表达的意思,一个人的衣服穿得合不合身,不是光靠买名牌就够的,还需要动脑子,选择真正适合自己的衣服。

"还有很多需要注意的地方呢!"一仑妈接着说,"颜色搭配也是一个非常重要的细节。俗话说:'红配绿,丑得哭',就是说日常生活中要尽量避免大红大绿的搭配,除非

是搞一些艺术演出。"

听妈妈讲红配绿，一仑突然想起了过年时那些扭秧歌的老奶奶们。

"想什么呢，一仑？"

"妈，我现在理解了一句话。"

"什么话呀？"

"就是我们班主任说的，叫'生活是最好的老师'。他告诉我们要善于观察生活。以前我总觉得生活没什么好观察的，无非就是上学、放学、吃饭、睡觉，现在看来，我是想错了。"

"一仑，你说得很对，老妈其实以前也不懂这些，都是跟着别人学，然后自己看书系统学习、琢磨的。你爸不是在给你上理财课吗？其实理财除了听一些基本理论，最主要的还是要到生活中去学习、去实践。老妈的穿衣原则就是在生活中实践总结的，叫'只穿对的，不穿贵的'。"

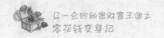
# 许愿单

周五晚上，一仑一家正在开本月的家庭会议。

"按照咱们的会议规则，这次会议轮到一仑主持了，下面有请一仑。"鼓掌声响起。

一仑拿了一根黄瓜当话筒，清了清嗓子，开口说道："这个月还有什么疑难问题没有解决的，说出来大家一起出出主意。"

这会议的第一项是一仑爸对家庭会议的强行规定，他说家里人应该互相沟通，大家虽然天天在一起生活，但不代表就了解对方，如果不经常沟通，就容易产生很多误解，而误解是很伤害感情的。所以，在月底的家庭会议上，大家首先要把自己本月最为难最解决不了的事说出来，然后一起想办法解决，这叫"同舟共济"。一仑爸还特别鼓励一仑多提建议，因为他觉得小孩子思维活跃，经常能想出来一些"鬼点子"。

"我这个月还算顺利，没有太困难的事，呵呵。"老爸说。

"我最主要的问题就是这次旅游的事了，到底去哪儿

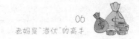

还没定下来。"一仑妈提出了问题。

"我的问题是制订一个暑期学习计划，保证在暑期既玩得开心又不耽误学习。"一仑说。

"我想了三个地方，大家一起'研究研究'？"一仑爸一脸坏笑，看来他是早就想好了旅游地点。

"一个是内蒙古希拉穆仁草原，可以感受草原风光，还可以骑马、射箭、摔跤；另外一个是广西桂林，风景秀美，也很值得去；还有一个是江苏古镇周庄，典型的江南水乡小镇，应该也别有一番风味。"

一仑爸还把查到的旅游景点资料都打印了下来，大家一边看资料一边商量，最后决定去内蒙古希拉穆仁草原。

接下来的会议，一仑一家又说了很多，爸爸妈妈夸奖了一仑在待人接物方面做得好的地方，也指出来他骄傲的特点，鼓励他继续改正；一仑和妈妈则"批评"爸爸这个月有两次回家都喝醉了，希望他以后注意身体；爸爸和一仑感谢老妈辛苦操持家务，还把提前买好的一块小蛋糕送给妈妈。

学校终于开始放暑假了，一仑在爸爸妈妈的帮助下，制订了学习计划，除了完成规定的作业外，每天的锻炼时间、读课外书时间都做了规定。

又过了一个星期，一仑妈终于请了假，她要先和一仑去准备一些旅游时要带的东西。第二天，一仑爸也要开始

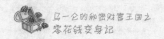

休假，到时他们就可以按计划跟着旅行团出发了。

　　一仑和妈妈来到商场，按着单子上写的一一购买，最后还到药店买了防治拉肚子、中暑的药。在回家的途中，老妈发现路边新开了一家服装店，就顺道进去看一看。

　　这家店铺的老板还真有眼光，卖的衣服都是流行款式，一仑妈看了一圈，相中了其中的一款，一仑也看出来老妈特别喜欢模特身上穿的这件衣服。

　　买还是不买呢？一仑妈在犹豫。

　　一仑站在旁边，心里想："老妈在犹豫什么呢？这件衣服好像也不贵呀。"

　　最终，一仑妈还是没有买衣服，随后她拿出手机按了几下按键，然后带着一仑离开了服装店。

　　"老妈，你是不是很喜欢那件衣服呀？"

　　"是呀。"

　　"喜欢为什么不买呀？"

　　"呵呵，如果喜欢的都要买，那得买多少东西呀！没事，我已经把这件衣服放进'许愿单'了。"

　　"许愿单？"一仑感到很好奇。

　　"是呀，刚才老妈按手机键，就是把这件衣服的相关信息存到手机里了。"

　　"可老妈你为什么把这叫'许愿单'呢？"

　　"以前老妈逛街的时候看到喜欢的衣服就要买下来，

你看现在柜子里堆了多少衣服？很多都没怎么穿过，为这你老爸还经常说我呢，呵呵。后来老妈从单位同事方敏阿姨那儿学了一招，如果再遇到想买的衣服，就许个愿记下来：我的愿望是下个星期一把这套衣服买到手——可事实往往是没有等到下周一我就没有买这件衣服的冲动了。"

"噢，我明白了，老妈。表面上看你是许愿希望能买到衣服，其实是给自己一个缓冲的时间，这样就不会冲动购物了。"

"一仑，你太聪明了。不过，如果到时候老妈还是想买那件衣服，那我许的愿就成真了，这也是一种幸福呀，这种感觉可不是直接买衣服的时候能体会的。"

"老妈，我上次去吴飞家，李阿姨曾经跟我说她有一个省钱的小窍门叫'延迟购物'，说是新上市的商品贵，要耐心地等一等就会降价很多，这时候再去买更划算。我觉得妈妈你的方法也是一种'延迟购物'，就是将自己的购买想法延迟一下，看看是自己真的需要买还是只是冲动而已。"

"一仑，看来你老爸的理财课没有白讲呀，你现在已经很上路了。老妈的这些方法都是尽可能地想把钱花得合理，不浪费钱。就像你老爸说的那样，理财不仅要懂得如何去挣钱，更要明白怎样去花钱。"

一仑和妈妈回到家，把旅游要带的东西都装好，又跟旅行社确认了一下行程，第二天早上 7 点准时出发。

# 07 本杰明·富兰克林的智慧

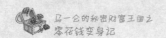

　　一仑和妈妈收拾好东西,爸爸也回来了,大家一起把晚饭做好,吃过饭又说了会儿旅游的事就各自回房间早早休息了,明早还要赶火车呢。

　　回到房间,一仑看到桌面好几天都没整理了,乱糟糟的,他把堆在一旁的书都放回了书柜,还有昨晚看的照片集也放进了抽屉里。抽屉里也有些乱,一仑就把废弃的东西直接扔进了垃圾篓。整理完了,一仑感到很累,一会儿就睡着了。

　　10分钟后……

　　一仑感觉自己变成了一只气球,慢慢地飘了起来,一直飘到一朵白色的云朵上。云朵真是柔软,踩在上面站都站不稳。远处飞来一群大鸟,发出"哇哇"的难听叫声。

　　"亲爱的,你不觉得我是最最英俊、最最勇敢的哈斯利

鸟吗？"

"你才不是呢！我觉得菲得勒普才是最英俊的，你瞧他的滑翔姿势多美呀！"

"他？菲得勒普？一只羽毛还没长全的小鸟？看我给你来个滑翔，让你知道什么才是真正的帅。"

一仑好容易在云朵上站稳了，突然发现对面飞过来一只大鸟，像飞机一样俯冲下来，从他身边呼啸而过。大鸟飞得太快，一下子就把云朵冲散了，一仑一脚踏空，掉了下来。

"啊……救命！"一仑大声地叫着。过了一会儿，一仑发现自己并没有直接掉下去，而是像树叶一样慢慢地往下落，他睁大眼睛——真美呀，地面上一片片绿色、红色、黄色，就像是画出来的油画。他往左右看，几张飞毯从他身边飞过，上面坐着个子矮小的人，正在向他打招呼呢。

"现在该往哪里去呀？"一仑低声地说。他抬头望望，往北不远处好像有一座城门，就往那儿走吧。

越走越近，一仑终于看清楚了，那就是一座城门，城门上面写着三个大大的七彩字：智慧国。城门前站着两排守卫，清一色的蓝色上衣、白色裤子，戴着高高的礼帽。一仑来到城门前，这才发现守卫们都长着长长的鼻子，就像动画片中的匹诺曹。

"请问这是哪里呀？你们知道我怎么才能回家吗？"

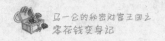

"这里是智慧国,你是谁呀?"

"我叫马一仑,你能告诉我怎样才能回家吗?"一仑感到有点害怕。

"这个嘛,我们做守卫的也不清楚,不过我可以带你去见我们的国王,他可能有办法让你回家。"

# 哨子的代价

一仑跟在守卫的后面,心里有点害怕。街道两边的房屋形状很特别,有三角形的,有圆形的,还有方形的。街道上的人长相很奇特,一仑总觉得在哪里见过这些人,但就是想不起来。走了几分钟,守卫带一仑坐上了一辆马车,驾车的喊了声出发,马车便放开了跑,跑了足足有半个小时。

"到了,这就是国王居住的王宫了,往这边走,国王就在大厅里。"

看到客人走过来,智慧国的国王赶忙站起来问候:"亲爱的客人,欢迎来到智慧国。"

一仑有点激动,见到国王,说不定就能找到回家的方法了。

"国王您好,我叫马一仑,住在中国北京,也不知道为什么就来到智慧国了,我想赶快回家。"

国王哈哈大笑起来:"不用担心,一仑,你现在是在自己的梦里,等你醒了,自然就回家了。"

"真的吗?"一仑高兴极了。

"当然是真的,不信你掐一下自己的屁股,看疼不疼。"

一仑掐了掐,没什么感觉,呵呵,真的是在做梦。

国王挥挥手,走过来一个仆人,给一仑倒了一杯茶水。

"不要害怕,一仑,先喝点水。"国王和蔼地说,"在你醒之前,你还有很多时间,不如就在我们智慧国游览一番吧,我们这里难得来客人。"

一仑喝了口水，心情平静了很多，想想国王的话很有道理，就点头同意了。

"好，那你先休息一会儿，我安排米利亚总督陪你。"

过了一会儿，一位穿着奇异的大臣就走了过来，一仑看到他的衣服上印着一个大大的笑脸。

"一仑，这就是米利亚总督，就让他带着你到处看看吧，我还要忙别的事呢。"国王说。

一仑点点头。

米利亚总督很平易近人，所以一仑一点也不觉得害怕，他向总督问好，然后禁不住问："总督大人，你的衣服上怎么印着一个笑脸？"

"哈哈，因为人的情绪容易受到外界信息的影响，你看到的是悲伤的情景，心情就容易低沉；看到的是欢快的事情，心情就容易开朗。我在衣服上印个笑脸，大家看到它心情就会跟着好起来。"

"原来是这样呀，总督大人。"一仑暗自佩服总督大人的细心。

"一仑，你一定累了吧，不如咱们先到你住的地方休息一下，然后再开始游览？"

"好呀，总督大人，一切都听你的安排吧。"

总督大人领着一仑出了大厅，朝中心广场走去，一仑

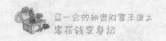

休息的地方就在广场东边不远的地方。

"总督大人，你看，广场上围了好多人，是不是发生什么事了？"

总督大人朝一仑说的方向看了看，说道："没什么事，是大家在听演讲。"

"咱们也去瞧瞧吧。"一仑拉着总督大人朝人群走去。

中心广场西侧有一个简易但非常实用的演讲场地，来这里听演讲早已成了巴拿城（巴拿城是智慧国的首都）的一道独特风景。据主持人介绍，这次给大家作演讲的是本杰明·富兰克林先生。一仑知道这个人，本杰明·富兰克林是美国著名的科学家、哲学家和政治家，但他已经在1790年去世了，怎么会出现在这儿呢？

"亲爱的朋友们，感谢你们能来听我的演讲，我还是想继续昨天的话题，谈谈人生选择的问题，就从我小时候的一件事讲起吧。"

一仑和总督也站到了人群中，他们被本杰明·富兰克林的热情所感染，也开始静静地听他的演讲①。

> 我7岁的时候，有一次过节，大人们给我的衣服里塞满了铜币。我立刻向一家卖儿童玩具的店铺跑

---

① 该演讲内容选自本杰明·富兰克林撰写的短文《哨子》。

去。半路上，我却被另一个男孩手中的哨子的叫声吸引住了，于是用我所有的铜币换了他这个哨子。回到家里，我非常得意，吹着哨子满屋子转，却打扰了全家人。我的哥哥、姐姐和表姐们知道我这个交易后便告诉我，为这个哨子我付出了比它原价高4倍的钱。他们还提醒我，用那些多付的钱可以买到多少好东西啊。大伙儿都笑话我傻，竟使我懊恼得哭了。回想起来，那只哨子给我带来的懊恨远远超过了给我的快乐。

不过这件事后来让我受益匪浅，它一直保留在我的记忆中。因此，当我打算买一些不必要的东西时，我便常常对自己说，不要为哨子花费太多，于是便节省了钱。

我长大了走进社会，目睹了人们的所作所为后，感到我遇到的很多人，他们都为一个哨子付出了过高的代价。

当我看见一个人过分热衷于猎取恩宠荣禄，把自己的光阴牺牲在伺候权贵、谋求接见之中，为了得到这种机会，他不惜牺牲自己的自由、品德甚至自己的朋友，我便对自己说，这个人为他的哨子付出了太高的代价。

当我看到另一个人醉心于名望，无休止地投身于

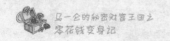
政界的纷扰之中，却忽视了自己的事，我说，他的确也为了他的哨子付出了过高的代价。

如果我听说有个守财奴一心只顾敛财、守财，却放弃了生活上的种种舒适，放弃了施善于他人所带来的乐趣，放弃了所有同乡们对他的尊重，放弃了友谊的欢乐，那么我就要说："可怜的家伙，你为你的哨子付出的代价太大了。"

当我遇到一个寻欢作乐的人，他不愿使自己精神或命运方面得到一切可赞美的改善，而仅仅为了达到肉体上的享受，为了这种追求，损害了自己的身体，我就说，误入歧途的人啊，你真是有福不享自找苦吃；为了你的哨子，你付出了太高的代价啊。

当我看到一个人沉迷于外表，或者是漂亮的装束，讲究的住宅，上等的家具，精致的设备，这一切都远远超出了他的收入的水平，为了得到这一切，他借债，最后以被投进监狱而告终。我说，天啊！为了他的哨子，他付出了太高太高的代价。

当我看到一个漂亮温顺的姑娘嫁给一个生性恶劣、人面兽心的丈夫。我说，多么遗憾呀，她为了一只哨子付出了太高的代价。

总而言之，人类的不幸很大程度上是因为对事物作了错误的估价——换句话说，"为他们的哨子付出

的代价太大了"。

本杰明·富兰克林(以下称他为富兰克林)说完了,大家鼓掌感谢他的精彩演讲。

"总督大人,我觉得他讲得特别好。"一仑一边说一边和总督向广场东边走去,"现在我才知道并不是什么事都是可以做的,有些事弄不好会让自己付出沉重的代价。用我老爸的话来说,收入－支出＝余额,如果做一件事所付出的成本(就是支出)远远大于所获得的收益(就是收入),那注定是要吃亏的。"

"是呀,你说得对,一仑。不过,要想分清哪些事该做,哪些事不该做,这是多么考验一个人的智慧呀!"

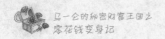
# 学会判断

一仑随总督大人来到休息的地方,听总督说,富兰克林先生晚上会参加巴拿城为他举办的欢送会,要是这样,一仑也想去凑凑热闹。

忙碌一天的巴拿城安静下来了,热情的人们在礼堂里举办晚宴,感谢富兰克林先生为他们作了连续三天的演讲,大家都反映收获很大。

"千万不要这样说,你们愿意听我这个糟老头在这里唠叨我已经很满足了。本来我想在这里待上一段时间,但有一些重要的事等着我去做,所以不得不提前离开了。"富兰克林真有点舍不得离开巴拿城。

"富兰克林先生,您再给我们讲点什么吧。"大家想在富兰克林走之前再听听他的人生智慧。

"是呀,再给大家讲点吧。"总督大人一边给富兰克林敬葡萄汁一边说。

"这样吧,咱们来做个游戏:套圈。"富兰克林笑着说。

"玩游戏? 不是开玩笑吧? "

"我已经准备好道具了，其实大家不让我讲我也会让大家来做这个游戏的。"

大家看到富兰克林从袋子里拿出了几个铁丝做的圆圈，又在不远处摆了各种不同形状的物体。

"下面大家可以用圈子去套这些物体，套之前你们要告诉我，有多大把握可以成功。"

"富兰克林也真奇怪，怎么玩这么简单的游戏？"大家有点不理解。

"我先来试试。"一仑走过去，接过一个圈子，对富兰克林说，"我要套那个长方形的盒子。"

一仑目测了一下盒子的大小，又看看手里的圈子，自信地说："套住那个盒子绝对没问题。"说完，他就瞄着盒子，把圈子扔了出去。

"唉，没中！"一仑惋惜道。

"刚才力量没有掌握好，我再来试试。"一仑这次多瞄准了一会儿，有了十足把握才扔了出去，结果仍然没中。

接下来的人选择了不同的物体去套圈，多数人都认为能套上，结果无一例外地失败了。

"这是怎么回事呀？"大家都感到很不解。

"这些道具是经过我精心设计的，那些物体看起来比圈子要小很多，其实只是刚刚能被套进去。你们想，刚刚能被圈子套住，你们能扔进去吗？理论上说可以，但实际很难

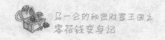

做到,就算我把圈子做得再大一点,也是很难套中的。"

富兰克林拿出了纸笔,画了四幅图。

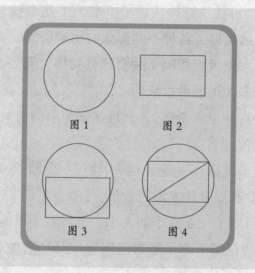

"大家看,图1这个圆就代表大家手中的圈子,图2代表一个盒子。仅凭你的感觉,你会觉得圈子能套住盒子,为什么会有这种判断呢?请看图3,因为圆的直径比盒子的长边长,让我们错误地以为圈子可以套住盒子,其实这是一种视觉上的错觉。而事实上,只有像图4这种情况才是圈子能套住盒子的最低要求。"

"富兰克林先生,我觉得您的这个游戏有欺骗之嫌。"一仑快人快语。

"哈哈……这位小朋友说得好!"富兰克林示意让一仑

走过来，然后问道，"你叫什么名字呀？"

"我叫马一仑。"

"孩子，你说得有道理，这个游戏确实有欺骗之嫌，而实际上，现实生活中有不少人正是用这种游戏（或是稍微改造一下）欺骗大家钱财的。比如：我还是让大家扔圈子，告诉大家套住的物品归自己所有，但你们每扔一下需要交一个铜币，我相信你们肯定会有人要扔的，因为你们自信自己一定能套住。"

富兰克林让助手将道具都收了起来，接着对大家说："所以呢，在做一件事之前，你一定要学会判断。大家都知道广告吧，智慧国和这位一仑小朋友的国度里一定都有这种事物。"

大家都点点头。

"大家都是需要广告的，有了广告，卖东西的人可以宣传他的产品，买东西的人可以了解更多的产品资讯，便于从中选择最适合自己的商品。不过，如果你完全相信广告，那你就错了。这就像刚才我们玩的那个游戏一样，我设计的圈子从理论上讲确实能套住物品，但如果你们真的扔了却无一例外要失败，说的和做的往往不是一回事——广告也是如此。你们看到的广告都是卖家在说他们的产品有什么好处、有什么优点，可他们却从来不提商品有什么坏处、有什么缺点。你看到过卖食品的会说他的食品多有营养、

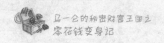

多健康、多美味,他会说食物里的糖分会让你发胖吗? 不,他们在宣传的时候是不会说的,他们已经把不利于商品销售的任何信息给过滤掉了。所以,你一定要有正确的判断力——这是我在离开智慧国前给大家的忠告。"

"好了,时间已经不早了,晚宴就到此结束吧,我们的富兰克林先生还要到别的地方去。"总督大人宣布晚宴结束了。

"总督大人,我想问富兰克林先生一个问题,可以吗?"礼堂里只剩下没几个人了,一仑想趁这个机会向富兰克林先生请教一下。

"当然了,你也是我们请来的客人呀!"总督将一仑的请求转达给了富兰克林先生。

"噢,这位小朋友有什么问题要问呀?"

"富兰克林先生,您刚才告诉我们要拥有正确的判断力,可这正确的判断力是从哪里来,我该如何来培养呢?"

"嗯,正确的判断力培养需要一个过程,它会随着你的阅历增加而逐渐提高,当然了,确实有一些方法可以帮助你增强判断力的。

"第一,要学会互相参照,信息来源不能单一。你们国度有句俗语叫'货比三家',为什么要这样做呢? 就是通过多方'比',你才能掌握更多的信息,不容易上当受骗。或者当你听到别人说一件事时,不能立刻就信以为真,你还要再多打听打听,这样才能看清事实的真相。

"第二,要吸取别人的经验教训。如果你没有判断好,事情搞砸了,你肯定会'吃一堑,长一智',但你总不能为了增加才智就把所有的'堑'都吃个遍吧?所以你要多向其他人请教、学习,学他们做得好的地方,避免犯他们同样的错误。

"第三,不要贪小便宜。一个智商正常的人,只要他能平心静气地思考,很少会判断失误、上当受骗的。人们往往会因为贪小便宜而放松警惕,更不要说是天上掉下个'大馅饼'了。

"第四,要多读书。特别是读一些历史书,从中了解世态人情,这会更好地帮助你做出判断。

"第五,就是遇事要多思考。做什么事都是熟能生巧,思考也一样,你考虑得多了,自然对判断一件事就会越来越得心应手。我只能给你提这么多建议了,希望你能在生活中去不断体验,相信你对事物的判断力会不断提高的。"

一仑回去休息了。第二天,他和总督大人开始参观弗吉尔小镇,在这里他见到了哥特式建筑,也见到巴洛克风格的建筑,还有园林式建筑,真是让人大开眼界。接着他们又来到了洛斯庄园,参观了艺术的殿堂:美术长廊。下午,一仑又参加了庄园里举办的趣味运动会,他还报了"标枪比赛"项目。比赛开始了,一仑使足劲扔出标枪,哇,成绩太

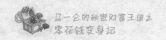
棒了,大家都高呼:"好样的!"正在此时,突然远处传来一阵巨响,周围的一切都消失了。

一仑睁开眼,感觉大脑昏昏沉沉的,没睡醒。闹钟还在响个不停,爸爸妈妈已经起来了,他们在最后一遍检查旅游要带的行李。

"一仑,赶紧洗洗脸,咱们吃过了早饭就要出发了。"

# 08 旅游途中

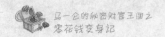

很快，一仑和爸爸妈妈就来到了火车站，导游给每个人都发了一顶小红帽，帽子上写着旅游团的名字，还真有意思。

离开车还有一会儿，大家都在候车厅里休息，一仑觉得有点无聊，四处张望——人可真多呀，黑压压的一片，怪不得都说中国啥都缺就是不缺人。一仑突然有一种奇怪的、很不舒服的感觉，他觉得自己是那么藐小，那么不值一提，他只是这候车厅里将近千人中的一个，更不要说是全中国十三多亿人口中的一个了。一仑有点失落，刚才欢快的情绪一下子变得忧郁起来。

"怎么了，一仑？"一仑爸感到一仑的情绪有点不对。

"没事，老爸，就是有点失落，以前总觉得自己很了不起，可刚才却突然发现自己很藐小。"

"哈哈,一仑开始思考人生问题了。没什么的,谁都会有这种感觉的。"一仑爸意识到一仑长大了,他没办法用三言两语把一仑的感觉解释清楚,这需要一仑自己慢慢去体会。

"爸爸给你讲个故事吧。"一仑爸想转移一下一仑的注意力。

"好呀,我最喜欢听老爸讲故事了。"

"从前有一只猴子,它很羡慕人的生活,后来它生病死了,见到了冥王,就央求来世要投胎做人。冥王看到这只猴子这么诚心,就想给它一次机会,他对猴子说:'既然你这么想做人,我就成全你吧,但你需要将身上的毛拔去,这样才能转世为人。'说完,就吩咐夜叉来拔猴子的毛。谁知道才拔了一根,猴子就痛得号叫起来。冥王笑着说:'看你一毛不拔,如何做人?'"

"呵呵,爸爸,这个猴子也真有意思,想做人又怕痛。"

"当时写这个故事的浮白主人其实是讽刺那些吝啬鬼的,说这些人非常小气,要想让他们帮别人一点忙、花他一点钱,就像要拔猴子的毛一样,会疼得死去活来的,呵呵。"

一仑也被逗乐了,刚才的失落感觉一下子跑掉了。这时,导游让大家都排好队,马上就要检票上车了。

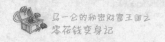

# 利与弊

可能是因为暑期的缘故,车上的人真不少,连过道上都站满了人。一仑他们把行李放好,坐在座位上聊天。

"爸,你看,人可真多呀!中国都快 14 亿人口了,要都站在一起会是个什么样呀?!"一仑惊叹车厢里的拥挤。

"没办法呀,以前咱们国家的人口出生得太多,现在要想减少人口太难了。商品生产多了还可以销毁,人多了你总不能把他消灭掉吧?而且现在的人寿命也长了,人只会越来越多,要不是咱们国家实行计划生育,估计现在全国得有 16 亿人呢!"

"那么多呀!"一仑对亿有多大没有概念,但他听老师说过,如果 13 亿人每人每天节约 1 粒大米,就能节约 32500 公斤大米,足够养活 3.5 万人,这真是一个天文数字。

"是呀,人一多,很多事情就不好办了。你看咱们出来旅游就得提前预约,不然火车票都不好订。"

"唉,咱们的旅行团也是人很多,要是少一点该多好,那样旅游起来就不会闹哄哄的了。"一仑还是喜欢以前和老爸老妈三个人一起自助游,那样多惬意,想怎么玩就怎么玩,用不着跟着旅行团匆匆忙忙的。

"是呀,自助游当然惬意,不过跟团也有好处呀。"

"有什么好处呀,老爸,你看这么多人!"

"呵呵,什么事情都是有利有弊的,还记得我讲的'理财等式'吗?"

"记得呀,老爸,就是'收入-支出=余额'。"一仑记得很清楚。

"今天咱们学习一下这个等式的另一层含义。"一仑爸居然在火车上讲起了理财课!

"老爸,这么简单的等式怎么还有另一个含义呢?"一仑有点不解。

"你刚才提到人多的问题,就让我想起来这个等式的另一个含义了。你看,我们可以把'收入'理解成'利',把'支出'理解成'弊',做一件事可以采取不同的方法,而不同方法肯定会带来不同的利弊关系,我们该如何选择?就是用我们理财等式的思路:当利>弊时,我们就选择这种方法;如果是利<弊时,我们就放弃这种方法。"

"老爸,你的意思是说用一种方法去做事,既有获利的一方面,也有付出的一方面,如果付出的过多就最好放弃这种方法,如果获利更多就可以采用这种方法。"

"对。但因为我们做事情的时候会面临不同的环境，对利弊的判断也经常会不同，这就导致在做具体选择时也会不一样。你就说旅游吧，如果你主要的目的是换一换环境，放松身心，那你更有可能选择自助游，因为自助游会更随意一些；但如果你主要是想看看旅游景点，领略一下不同的风土人情，那你跟着团走就行，还可以节省很多时间。你看，同样是旅游，目的不一样，利弊分析也不一样，不能生搬硬套理财等式，更需要你仔细考虑，这可比'收入－支出＝余额'要复杂多了。"

一仑听老爸讲利与弊，其实很多人都跟他说过，像爷爷奶奶也说过："一仑，做事情的时候可要想好了，划不来的事千万别做，不要到时候后悔——划不来的意思就是弊大于利。"老师也告诉过一仑："不要只是一味地死读书，那样成绩提高不了，只会变成书呆子。取得的一点成绩进步远远弥补不了你失去的东西，绝对是一件弊大于利的事情。"没想到老爸讲的理财思维在生活中随处可见，看来人这一辈子是脱离不了"理财"这两个字的。

老爸好像看透了一仑在想什么，笑着对他说："小子，有你要学习的呢！社会本身就是个大学堂，在学校里只是学课本上的知识，而在社会上你要学的东西就更加丰富多彩了。就说咱们刚才说的利弊分析吧，听起来挺简单的，可真要让你分析做一件事的利与弊却不是一件容易的事，为

什么呢？有些利、弊是不能用客观的数值来衡量的，就像咱们去游乐场玩了一个下午，你感到很开心，这开心肯定就是'利'了，但这个'利'你怎么算呀！你可以算出门票是200元，可这开心是多少钱呢？是200元？400元？还是600元……"

"是呀，老爸，开心是没办法用具体钱来衡量的。"

"这就是为什么人们在选择的时候总会犹豫不决，因为'利'与'弊'太难估计了。大家都知道利大于弊的事可以做，可仍旧经常错误估量了利与弊的大小，难以做出明智的决定。"

"老爸，你说的越来越深奥了。"

"那咱们就说点不深奥的，你说咱们跟团来旅游有什么好处呀？"

一仑想了想，说："咱们不用操心买票、安排行程，这些倒是挺省事的。"

"还有吗？"

"吃饭、住宿也不用咱们管，旅行社都给安排好了。"

"嗯，确实省了咱们不少事。"

"对了，老爸，还有一个好处，就是在旅游的时候有导游解说，咱们自助游的时候可是没有这个的。"

"还有一个好处你忘了说了，一仑。"老爸露出得意的表情，姜还是老的辣呀。

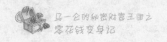
　　"还有好处？我实在是想不到了。"一仑确实想不出来跟团旅游还有什么好处。

　　"最重要的你没说，当然是省钱了。"

　　听老爸说省钱，一仑细细想了想，还真是，这次旅游旅行社给每个人的报价才 1500 元，要是真的去自助游，估计每个人花的钱至少要高出 2000 元。

　　火车已经开了三个小时了，大家感觉有点饿，就开始泡方便面，因为车上人多，还得挤过去接开水，来回一趟得 20 分钟。不过大家还是被旅游的快乐气氛包围着，有的聊天，有的打扑克牌，也有的累了就闭目养神。

# 人多力量大

人们说"一方水土养育一方人",还真是这个道理。列车在飞快地行驶,窗外的风景已经是塞外风光了。一仑拿出相机,不失时机地拍了几张照片,他的照片集又有可以收集的精美照片了。

一仑爸喜欢看书,在火车上也没有闲着,他拿了本《资治通鉴》,看得很入迷,随手还拿了一支笔,偶尔在书上做个记号、写几个字。

一仑休息了一会儿,更有精神了,他看见老爸在看书就问:"爸,你看书怎么还拿支笔呀?"

"'不动笔墨不读书'嘛!"一仑爸说,"看书的时候有什么心得体会随时记下来,如果不记,过不了几分钟就会忘掉的,老爸的短时记忆真是差得要命。"

"噢,是这样呀!"

"休息好了?"

"嗯,爸,休息好了,怎么不见老妈呀?"一仑这才发现妈妈不在座位上。

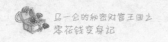

"上洗手间了，你看人这么多，估计还得 10 分钟她才能回来。"

"对了，老爸，你刚才说咱们跟团旅游可以省钱，你说到底省在什么地方了呀？"一仑想起刚才老爸说跟团游的好处，就说到可以省钱。

"这就是团购的好处呀。"一仑爸放下了手中的书，同一仑聊了起来。

"因为旅行社组了一个团，这样就可以到旅游景点团购门票、到住宿的地方团购房间、到吃饭的地方团购餐券，而团购往往是会优惠的。你再想，咱们去旅游景点的时候是要坐大巴车的，一个 40 座的大巴车假设租金 600 元，如果坐满，那平均一个人车费是 15 元，但如果只坐了 20 个人，那车费就是 30 元了。你看咱们团有这么多人，平均下来光这几天的车费就可以省将近 100 元。"

"看来人多还是有点好处的。"一仑若有所悟地说。

"是呀，商家将商品的团购价格适当优惠一些，就会吸引很多人组团来购买，这样对消费者来说是享受到了实惠，而对于商家来说，虽然单个商品挣的钱少了点，但总量多了，收入也会增加，这就是薄利多销——特别是对那些不易保存的商品，哪怕便宜一点卖出去，总比坏掉强。"

"老爸，我突然想到一个问题，如果我去买东西，比如铅笔，要是一次买 100 支，那肯定会便宜了？"

"一般情况下都会的,因为你买得多,和卖家讲起价来也比较容易。"

一仑突然笑了起来:"老爸,我明白冯晓兵为什么买东西那么在行了,他一定特别会利用团购跟商店老板讲价。"

"我猜想是的。"老爸点点头,"如果你团购的东西多达一定程度,你甚至能左右那些卖家呢!"

"不会吧,老爸,这么厉害?!"

"你想想,如果一个商店里有 1000 支铅笔,而你全部都要了,商店老板还不高兴死呀,这时候你可以把价格压得更低,如果他不卖给你就损失了一大笔生意——他零售那些铅笔还不知道要多少天才能卖完呢。"

一仑觉得老爸说得有道理。

"你想想沃尔玛超市里面的东西为什么便宜呀?因为买的人很多,相当于这些人是在团购某一种商品,超市可以保证非常大的销量,当然可以把价格降下来——而那些小超市因为规模小,东西常常会贵一点。"

一仑爸站起来,一边扭腰一边对一仑说:"你再看咱们老百姓往银行存钱,其实也是一种团购行为。"

"老爸,存钱好像没有买什么东西呀,怎么会是团购?"

"呵呵,你再想想,存钱真的没有'买'什么东西吗?"

"没有呀!"一仑跟着爸爸妈妈到过银行,也知道存钱是怎么回事,但他怎么也想不出来存钱是去买什么东西。

"呵呵，你忘了人们存钱可以得利息吗？"

"是啊，是能得到利息。"

"你可以把利息当成是人们存钱时购买的商品——当然，这种购买是不花钱的，只需要你把钱存到银行里，但需要花费时间，你要想得到利息就暂时不能取钱了。1个人存2000元，数量并不多，可1万个人就可以存2000万，这就是一个大数目了，银行就通过这2000万去挣钱，然后将挣到钱的一部分当做利息支付给储户。你看，积少成多就是团购的秘密，一个人的力量有限，但人多了，力量就变强了——'团结就是力量'嘛。"

一路上大家有说有笑，一仑有时候和爸爸聊天，有时候就休息一会儿，有时候和旅游团其他人打个招呼，时间就在欢声笑语中慢慢过去，列车离目的地也越来越近。

# 草原之行

　　**列**车马上就要到呼和浩特站了，导游叮嘱旅游团每个人带好行李，下车时不要拥挤。10分钟后，列车缓缓停了下来，大家都戴上小红帽，跟着导游下车，等队伍站好了，导游点了点人数，确保没人掉队，然后举着小旗子出站了。

　　出站后，大家稍微休息了一会儿，吃点东西，然后跟着导游坐上了大巴车。大巴车开得并不是特别快，大家欣赏着壮阔的阴山山脉风光。大约过了一个半小时，大巴车抵达了草原，一下车，一群穿着蒙古族衣服的人便围了过来，还给大家献上了下马酒，热烈欢迎一仑他们这个旅行团。

　　大家在蒙古包里休息了一会儿，很快就到了吃午饭的时间了，吃的是蒙古风味的手扒肉。吃完饭，下午就是参观美丽的大草原了——真像诗中说的："天苍苍，野茫茫"，可惜少了牛和羊。一仑没怎么拍照就急着想去骑马，这可是他梦寐以求的一件事。等骑完马，大家还参观了牧民家庭、祭拜了敖包山。等到了傍晚，大家一起吃饭、唱歌，还参加了篝火晚会呢。

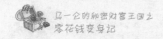

接下来的行程安排得非常紧密,看草原日出、看沙漠、参观博物馆,后来又转道到山西游览五台山、云冈石窟、平遥古城、乔家大院,真是累得够呛,不过也玩得非常开心。

一仑记得在游览一个风景区的时候有一个套圈的游戏,就是地上放了很多物品,你扔圈子去套,套中哪个物品就归自己所有,不过,扔一个圈子得两元钱。一仑很想投中地上放的玩具车,可套了几次都没有成功,又套了三次文具盒,还是没有成功,最后只好套一些体积小点的、容易套的。经过努力,一仑终于套中了一个小小的绒毛玩具,可即使这样,一仑也挺高兴的,觉得自己水平还算不错,因为有些人一个东西

也没套中。不过说也奇怪,这个游戏一仑是第一次玩,但他总觉得在哪儿玩过,只是一时想不起来了。

在旅游的时候,一仑发现有的地方门票是有套票的。有些景区收了门票后,因为它里面还有收费的景点,如果单独参观需要另外交费,但如果买套票,可以将这些景点全部参观到,总花费还会少很多。但老爸说他很少买套票,因为一个人在旅游的时候精力是有限的,他往往只能重点游览两三个景点。另外,任何一个景区都有最"特色"的地方,要看就看这些,其他的倒是不需要看,用比较专业的话来说,就是"要将80%的精力放在20%的主要景观上"。

一仑觉得老爸的说法挺新奇,因为他觉得一个景区的套票肯定是比较实惠的,但老爸却坚持不享受这种优惠,这有点像商店里有"买一送一"活动时,老爸却只买他想要的"一",而不是再加一点钱去享受"送一"的优惠。老爸说的到底对不对,一仑自己还不能判断,因为他的生活经验毕竟太少,随着年龄增大,他一定会有自己的判断的。

在一仑的日记里,他还提到,这次旅游最让他忘不了的是在草原上骑马,那是一种在旷野上驰骋、无拘无束的感觉,那一刻,有谁在周围喊什么他根本听不到了,他眼睛里看到的是远处的地平线,耳朵里听到的是有节奏的马蹄声,他手里握着缰绳,让马奔向他想去的地方——很多大人都不敢骑,一仑居然痛痛快快地骑了将近40分钟。

　　这就是旅游，不在于你拍了多少照片，不在于你看了多少景点，而是旅途中有没有让你的心灵受到陶冶、震撼，想必一仑是不虚此行了。

　　一仑爸妈也玩得很开心，他们对射箭和滑沙很感兴趣，玩起来就像小孩子一样，看来大人们也挺爱玩的。在参加篝火晚会的时候，有一个摔跤的表演项目，一仑爸还上去尝试了一把，结果被摔了个四脚朝天，惹得大家哈哈大笑起来。一仑爸没有灰心，向摔跤专家们请教招数和套路，还别说，虽然仍旧被不断摔倒在地，但毕竟还赢了一局。

　　一仑爸对历史特别感兴趣，每到一处都会给一仑讲故事。在山西的时候，他给一仑讲什么是太行八陉，进而又讲到关中和汉中分别指哪些地方，为什么这些地方在古代容易发生战争。一仑没想到历史会这么有趣，说一定要好好上历史课。不过一仑爸却说，历史课本上是学不到这些东西的，这些内容都是从"课外书"上看到的，看了书，再到这些历史古迹游览一番，那种感觉真是爽得不得了。

　　一个星期很快就过去了，按照行程安排，大家踏上了归途。车上依旧喧闹，有的人在畅谈旅游中收获的快乐，有的人在说旅游中的缺憾，也有的人在欣赏旅游中拍的照片，而一仑和爸爸妈妈聚在一起打"斗地主"。慢慢的，大家恢复了安静，都回床铺上休息了，列车载着这些旅游归来的人，在越来越深的夜色中前行。

09 小鬼当家

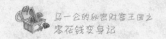
旅游归来，一仑觉得收获很大，平生第一次骑马、第一次玩摔跤、第一次滑沙，还吃到了正宗的奶酪，这些他都记到自己的日记里了。只是快乐的时光总是那么短暂，爸爸妈妈又要上班了，一仑也没处去，每天就按部就班地起床、吃饭、写作业、看书、运动、睡觉，真是让人感到乏味。

这样过了两个星期，一天中午，一仑表哥打来电话。

"一仑，是我，你郭大表哥，在干什么呢？"

"在做'居里夫人'呗。"

"我的第三期作文培训班已经开班了，你要是没事就来我这儿帮帮忙吧。"

"就和上次一样吗？"

"嗯，帮我准备上课材料、维持上课秩序什么的。"

"好呀，我正感到无聊呢。"

# 第一桶金

这天，一仑写完了作业，按照表哥说的地点找到了他的培训班。

"表哥，我看别的大学生放假了都到处去玩，你怎么不是开培训班就是去做临时工呀？"一仑看学生都走得差不多了，就走上前跟表哥打招呼。

表哥没有直接回答一仑的问题，而是笑着说："一仑，这个学期过得怎么样呀？"

"还行吧，用我爸的话说就是'保持一种稳定、持续的小进步'。"

"哈哈，这招挺厉害的，你说其他人哪能经受得住你这种进步呀，就算是原来班上倒数第几，只要保持这种每天进步一点点的劲头，用不了多长时间，准保是班上的优秀生了。"

"是呀，表哥，老爸告诉我学习只要打好基础，再加上认真勤奋，成绩没有提高不了的。"

"对了，一仑，前几期培训班课程结束后，我的那些学

生都觉得效果不错,又介绍了很多朋友来我这听课,有些事我忙不过来,所以让你来帮帮忙。"一仑表哥说明了让一仑来的原因。

"可我不会讲课呀!"

"当然不用你讲了,就是帮我做点杂事,给学生发一下资料、收一下他们的作业什么的。"

"这个简单,没问题。"

"每次工作我给你发 20 元作为报酬。"表哥说。

"还有钱发呀?"一仑没想到表哥会给他发工资。

"当然了,你付出了劳动,难道让你白干活吗?"

就这样,一仑要是有时间就会过来表哥这里,帮他办培训班,每次表哥给的钱一仑都存到自己的"百宝箱"里。

一仑想起吴飞现在正想提高作文水平,估计之前送给他的作文教材也学习得差不多了,就打电话告诉吴飞有时间可以去作文培训班看一下。于是,吴飞就跟着一仑表哥学习了一个暑期的作文写作,水平真是提高了不少。

老爸最近好像很忙,总要到很晚才回来,听说是在和美国一家大公司谈生意,一仑的理财课有很长时间没上了。

一仑回到自己的房间里,把"百宝箱"拿出来,看看自己存的钱已经不少了。自从老爸讲过 10%存钱法后,一仑就把每个月的零花钱拿出一部分存起来,再加上表哥给的"劳务费",都有将近 400 元钱了。

"一仑，又在看你的'百宝箱'？"爸爸不知道什么时候站在了一仑的背后，可能是一仑刚才太专心看"百宝箱"了。

"老爸！你什么时候回来的？"一仑有点惊喜。

"工作总算告一段落，今天我们是按时下班，呵呵。"老爸摸了摸一仑的头，接着说，"是不是存了不少钱了？"

"嘿嘿，帮表哥干活我挣了不少钱呢！"一仑自豪地说。

"不错嘛，用我们的话来说，你这是挖到了人生中的第一桶金。这都是你自己的劳动成果，要怎么花你自己决定，老爸就没权力干涉了——当然，你要是想让老爸帮你出出主意，我还是非常乐意的！"一仑爸也真够狡猾的，说是不干涉，又说可以帮一仑出主意，估计出的主意也是他一贯的套路。

"老爸，有个事我想问你一下。"一仑突然想到了一个问题。

"说吧。"

"我听说表哥在上学期间就经常打工，放假了他也不好好玩玩，又办了个培训班，他是不是很缺钱呀？"

"也不能说缺钱，你舅舅家的收入虽说不高，但还过得去。你表哥个性比较强，当年去上大学的时候还是我开车送他的。我记得他说过，他已经长大成人了，从大二起他就要自己养活自己，不再向家里要一分钱。我当时还以为他

只是年轻气盛说大话，没想到他真做到了。"

"老爸，我听你说过现在上大学是要花不少钱的，表哥他是怎么挣的钱呀？"

"大学里比较自由，上完了课，一般就没有人管你了。你表哥就利用课余时间做家教，还在宿舍开了一个球迷小超市，卖一些球衣什么的。后来他也帮老师做一些项目，在假期的时候就办培训班——有时候我都很佩服他，别说靠自己的力量读大学了，现在有多少人三十多岁了还得在父母帮助下生活呢！"

"没想到表哥做了这么多事呀！"

"是呀，在这一点上你倒是应该向你表哥学习。而且，你表哥学习成绩一直都不错，没有因为做这些事而耽误了学习。"爸爸一边说一边帮一仓收拾"百宝箱"，"学习最重要的是掌握方法，你表哥善于总结学习方法，要不然，他也不可能同时兼顾这么多事情。"

"怪不得表哥写的作文教材那么有效呢！吴飞也说表哥讲写作文的方法特别简单可行，看来是表哥认真研究总结的结果。"

"你不是在协助他办培训班吗？多跟你表哥交流交流，真能学到不少东西呢！老爸估计是老了，你们这些'90后'说的很多东西我都理解不了了，而我讲的东西，估计你们也很难听进去了。"

# 意外的惊喜

"纤云弄巧,飞星传恨,银汉迢迢暗渡。金风玉露一相逢,便胜却人间无数。柔情似水,佳期如梦,忍顾鹊桥归路。两情若是久长时,又岂在朝朝暮暮。"①一仑站在半山腰,突然朗诵起了宋词。

"马一仑,你可真够'酸'的,登山这么豪情的事情怎么会让你想起这种软绵绵的词来?"大家一起嘲笑一仑。

"非也,非也。"一仑故意将手背在后面,装出一副教书先生的样子,"你们知道今天是什么日子吗?"

"是咱们约好登山的日子呀!"王芸感到有点不解。

"难不成有谁给你写情书了?"罗佳懿故意跟一仑开玩笑。

这时落后的刘鹏已经跟了上来,看见大家在一起说闹就问:"什么事这么热闹?"

"一仑刚才问大家今天是什么日子。"

---

① 出自北宋词人秦观的《鹊桥仙》。

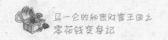

"这都不知道,今天是农历七月初七呀,就是七夕节。"刘鹏反应真是快。

刘鹏这样一说,大家都反应过来了,这两天电视里面一直在说"七夕"的事,让马一仑一问反而大家都没想起来。

一仑笑着说:"我只是朗诵首词应应景,呵呵。"

大家继续登山,一路上有说有笑,累了就休息一会儿,吃点零食喝点水,经过了两个小时终于到了山顶。

大家都坐了下来,这时吴飞发话了:"我觉得咱们下次爬山不能再选在暑期了,天气太热,幸亏咱们选的山上到处是树,要不还真会热死!"

"吴飞说得对,我跟老爸老妈说要登山,他们也是这样建议的。"林雅雯表示同意吴飞的观点。

"好,下次咱们就不在这个时间段登山了,可以换点别的项目。"

大家你一言我一语地说着,没留意有一位老人就坐在他们不远处的草地上。这位老人大约有六十多岁,身体看起来还很结实硬朗。一仑在给杜涛拍照的时候看到了这位老人,不禁感到吃惊,他觉得这样的山路他们一群活蹦乱跳的小孩子爬上来都累得够呛,这位老人能爬上来真是了不起。正想着呢,老人站了起来,拄着登山杖开始慢慢下山了。

　　一仑他们在山上待了一会儿,大家唱歌、聊天,玩得很开心,然后就一起下山。

　　晚上睡觉的时候,一仑总是睡不着,脑海里总是浮现出那位拄着登山杖的老人。想了很久,一仑最后做了一个决定。

　　第二天,一仑和妈妈商量,让她在淘宝上帮自己订购了一根非常不错的登山杖,还可以兼做手杖呢! 一仑没有让老妈帮他出钱,而是从"百宝箱"里取出了 100 元钱让妈

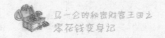
妈帮他支付。

"一仑，你买这个登山杖是做什么用的？"

"老妈，先保密。"

过了三天，包裹送来了，一仑把包装盒打开，多漂亮的一根登山杖啊！一仑对着说明书弄清楚了如何使用、如何保养，然后又把它包了起来，放到自己的房间里。

"一仑，你买这个登山杖到底是干什么呀？为什么一直都不愿意给妈妈透露一下？"一仑妈觉得一仑小小年纪也用不上登山杖呀。

"老妈，咱们过几天不是要去看爷爷吗？这是我送给他的礼物。"

"谁要送爷爷礼物？"一仑爸刚进门就问着过来了。

"是一仑要送，他前几天在网上买了一根登山杖，我还以为他要用，没想到是要送给爷爷！"

"老爸，用的钱可是我自己的，你说过我可以自由支配自己挣的钱。"

"我没反对你买呀！呵呵，真没想到一仑会给爷爷买登山杖，可爷爷腿脚不好，他几乎不可能去登山呀？"

"是呀，一仑，爷爷他用不上呀。"一仑妈也附和道。

"爸、妈，我特地买了根'T'型手柄的登山杖，这样它也可以当手杖来用。"

"那你为什么不直接买根手杖呢？"

"爸、妈，爷爷性格很倔强，他的腿脚都很不灵活了，可他还是不愿意承认自己老了。如果我给他买根手杖用，他会觉得自己真的老了，连走路都走不成，居然需要用手杖了。所以我要送给他一根登山杖，就说是让他登山用，不提他腿脚不好的事。"

　　听了一仑的解释，一仑爸妈一时愣住了，他们突然发现，站在他们面前的儿子怎么会如此细心懂事？自己是做儿女的，可从来也没有想过给老爷子买根手杖，更没有顾及平时说话时老爷子不服老的事实。这一刻，一仑爸妈真是既高兴又羞愧。

　　"好儿子，咱们这个周末就去看爷爷，你的登山杖对爷爷来说一定是一个意外的惊喜。"

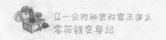

# 变形金刚出手了

在爷爷家吃了饺子，一仑他们就回来了。爷爷看到一仑送的登山杖，真的是特别开心。一仑心里当然也很美呀！用自己挣的钱给爷爷送个礼物，跟表哥比虽然还差了点，但也是不小的进步了。

回到家，妈妈告诉一仑快开学了，趁现在还有时间去把房间好好收拾一下，有什么不用的东西都清理出来。

一仑把被子、床单先收起来，免得等一会儿整理东西的时候弄脏了。他先从床底收拾起，床下面还真堆了不少东西，有两双运动鞋，不知道什么时候扔在这儿的，已经破旧得不成样子了。还有一个纸箱，里面居然还放着他以前玩的玩具。一仑从中挑出了一个变形金刚，看着虽然旧了点，但变形功能一点也没有受影响。再检查一下书柜，里面有几本书已经该被淘汰了。再看看穿过的衣服，只有一件可以被淘汰，一仑没有把它扔了，学着老妈的做法将衣服剪开，做成两块抹布，多余的布料才放进垃圾桶里。这样收拾了将近两个小时，房间开始变得井井有条，而且也腾出了不少空间。

一仑坐在椅子上休息，心想："这整理出来的东西，像变形金刚都还能玩，如果扔了怪可惜的，不如上'丽苑社区网'当二手货卖了。"说干就干，一仑马上登录网站，用他已经注册好的账号进入"二手货市场"版块，对自己要出售的变形金刚详细地描述了一番，又用数码相机拍了几张照片上传上去，这样一来就图文并茂了。当初买这个变形金刚花了 380 元，一仑决定 100 元出手。

"干脆，那些整理出来的书、杂志还有其他玩具统统弄到网上当二手货卖了算了。"一仑觉得东西扔了太可惜了，还不如放在网上卖，说不定都能卖出去呢！价格嘛，基本上都是按照原价的 3 折定的。

还别说，买家马上就上门了。

第二天，爸爸妈妈上班去了，一仑仍旧是一个人在家，电话铃响了。

"你是马一仑吗？"

"是呀，你是？"

"是这样的，我在网上看到你出售一套《第一次发现》系列丛书，现在卖出去了吗？"

"没呢，我刚传上去的信息。"

"我想买了。"

"行呀！"

"是这样的,你看能不能再便宜点。"

一仑考虑了一下说:"不行啊,我的书还都非常新,3 折已经是很便宜的了。"

"那好吧,我住在丽苑三区,你呢?"

"三区?我就住在一区,离得不远。"

"太好了,我可以直接过去拿,咱们约个时间地点吧。"

"就在一区前面那个广场东面健身器材那儿吧,时间嘛,晚上 7 点怎么样?"一仑担心自己一个人去不安全,7 点的时候妈妈就回来了,可以陪他一块儿去。

"好,到时候见。"

放下电话,一仑还有点没回过神,他怀疑这是不是真的。自己小学时看过的书,差点要扔了,没想到居然这么顺利地卖出去了。这让一仑明白了一个道理:自己不需要的东西也许是别人正在寻找的,所以,不要轻易认为一个物品什么用处都没有。

这天,一仑上网查看买家咨询情况,有好几个人问他的变形金刚卖出去了没有。一仑发现这些人中间有一个小朋友,他说他生病在家,很想玩变形金刚,可他爸爸嫌商场里面卖得贵,想在网上给他买个二手的。一仑加了这位小朋友的 QQ 号,两个人在 QQ 上聊了起来。原来,这位小朋友叫方小辉,前几天一家人出去旅游,不知道吃错了什么东西,浑身淤青,到医院检查才知道是过敏性紫癜,现在正在家休养呢。

不知道为什么,听小辉讲他的事让一仑想起自己小时候哭着让爸爸买玩具的情形,原打算 100 元卖掉的变形金刚一仑最后 80 元卖给了小辉。

还有几件物品在网上放了一个多星期还是无人问津,想必这些东西确实没有人要了,一仑就撤掉了网上这几件物品的信息,将它们扔掉了。

一仑在网上卖二手货挣得的钱他都记到自己的收支表上。看到表上记录的"余额"那一项越来越多,一仑真是感到兴奋。"百宝箱"里的钱也越存越多,一仑爸给一仑出了个主意,给他办了一张少年儿童专用的银行卡,将大部分钱都存进了卡里,"百宝箱"里留下 100 元作为急用。一仑将这张卡放进了他的"百宝箱",然后锁了起来。

后来,在一次吃晚饭的时候,一仑爸告诉一仑他已经将那张银行卡开通了网上银行,这样卡上的每一笔收入和支出都可以在网上查询,相当于自动生成了一张收支表,所以一仑以后可以不用再做收支表了。有记不清楚的开销,登陆网上银行就可以查到,真是省了不少事。

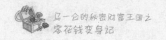

# "一对一"的资助

"一仑爸,今天的新闻看了没有?"吃晚饭的时候一仑妈问。

"哪条新闻?"

"就是关于中国红十字会的。"

"就是现在网上炒得特别热的?"

"对呀。"

一仑看见爸爸妈妈聊得这么热闹,也赶紧插话:"中国红十字会怎么了,老爸?"

"也没什么,就是遇上了信任危机,它的公益性受到了质疑,很多人都不敢往那儿捐款了,生怕捐的钱用不到那些真正有需要的人身上。一个公益组织的运作不透明,出现负面新闻是肯定会引起大家的怀疑的。"

一仑对老爸讲的什么公益组织不太感兴趣,他问道:"老爸,你捐过钱吗?"

一仑爸正在侃侃而谈所谓的公益组织,没料到一仑会问这个问题,他停顿了一下说:"当然捐过了,汶川地震的时候老爸捐了 2000 元钱,为了救助一位尿毒症病人,老爸也捐了 500 元,怎么样,老爸还算有爱心吧?"

"老爸,我也想捐点钱,献献爱心,就用我自己存的钱。"

"哈哈,你怎么突然有了这份心思,不是一时冲动吧?"

"当然不是了,这两天看电视,看到那些山区的孩子上不起学,我觉得挺可怜的,所以我想捐点钱给他们——他们连像样的书本都没有。"

"哟,一仑这小子什么时候爱心泛滥了?"一仑妈笑着说。

"怎么能这样说呢!孩子有爱心是好事。"一仑爸觉得一仑妈的话有点欠妥。

一仑爸想了一下,对一仑说:"一仑,如果你真想献爱心,咱们就做一个'一对一'贫困生资助吧,这样可能会更适合你。"

"什么是'一对一'资助呀,老爸?"

"你不是看到有很多穷困的小朋友连像样的书本都没有吗?咱们可以通过相关组织找到一位需要帮助的小朋友,然后资助他上学。"

"老爸,这需要很多钱吗?我自己存的钱不知道够不够呀!"

"放心,一仑,不会需要太多钱,咱们资助的小朋友生活很清贫,你一个月的零花钱都够人家买很多书本了。再

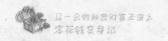
说了,老爸想和你一起献爱心,咱们共同出钱资助一位小朋友上学怎么样?"

"好啊,老爸!"

一仑爸通过民间公益组织找到了一位贵州山区需要资助的小学生,以一仑的名义与其建立了"一对一"的资助关系。这位叫黄敏的小学生今年刚刚 8 岁,家里特别贫穷,一家三口一年的收入不到 2400 元,只能维持基本的生活。黄敏小朋友很想上学,她曾经步行 20 里山路到镇上的小学听课,但最终还是因为要帮家里干活而放弃了。

一仑听了老爸的介绍,他简直不敢相信还有一年收入不到 2400 元钱的家庭,在他的印象中,除了那些沿街乞讨的人外,一般人一个月的收入就有这么多了。

"老爸,咱们资助黄敏需要多少钱呀?"

"我问了一下,一个月 20 元就够了,全年 240 元。我是想每年资助 300 元,这样小黄敏可以想办法用多余的钱在学校住宿舍,不用再来回走那么远的山路了。"

"才 300 元一年?"一仑觉得怎么也要几千元钱吧,"老爸,咱们再多给一点吧,给 500 元怎么样?这样黄敏就可以买更多的书,也不用那么吃苦了。"

"这个可不行,一仑。"

"老爸,你可真小气。"

"不是小气,一仑,你不知道,献爱心也是要讲究方法的。"老爸意味深长地说,他好像是有感而发呀。

"老爸,你就别骗小孩子了,小气就是小气,献个爱心哪里还有这么多讲究!"一仑不相信老爸的解释。

"你不信?"

"我不信!"

"那你听老爸跟你讲讲。"

一仑有点不高兴地坐下来,要听老爸说出个所以然来。

"穷苦人家的孩子往往年纪很小就要帮家里人干活,像你这么大年龄的人都成家里的顶梁柱了,哪里还会这么优哉游哉地上学、旅游!勤劳、朴素、诚实、感恩是他们的优点,咱们能资助黄敏上学,她肯定会心存感激,但我们不能资助得太多,这会让她觉得钱来得太容易,对勤劳的理解产生偏差。一仑,假如老爸能一直养着你,给你的钱够你吃、够你玩,而别人需要认真工作才能做到这些,你会觉得勤劳是美德,会觉得勤劳能致富吗?一个人,不认为勤劳好,当然就不会勤劳到哪里去。"

"老爸,你的意思是资助太多反而会让黄敏变得不像以前那么勤劳?"老爸讲的话完全是一仑没有想到的。

"当然不是百分之百,这要分人。有的人还会像以前一样,会特别珍惜别人给他的资助,也有人则会在长时间、数量大的资助下发生改变。"

"嗯,老爸,那你是防患于未然了。"

"还有，咱们一开始资助得少，以后如果需要，可以增加资助额，但如果一开始就给她比较多的资助，想减少就可能会产生不好的影响。就像平时我每天给你10元零花钱，有一天我给你15元，你肯定会觉得高兴；如果我每天给你15元，有一天我突然给你10元，你是什么感觉？虽然从总数上来说，后一种给法总钱数更多，可是心里感觉却是前一种更好。你看网上有很多人资助贫困大学生，却经常有大学生最后和资助人闹翻，其实有些情况不是大学生忘恩负义，而是资助人没有注意一些细节问题。"

"老爸，你说的好像不对呀，怎么被资助的人还怪资助人呢？"

"一仑，这样说吧，你现在的零花钱基本上都是爸妈给的，如果哪天爸妈说：'一仑，你不好好学习，成绩考得不好，零花钱就要减半'，你会是什么感觉？"

"我觉得你们是在要挟，欺负我现在还不会挣钱，就拿减少我的零花钱来吓我。"

"其实，在资助、捐款中也会有类似的心理存在。你想想，一个孩子在接到资助时，他是什么心情？有高兴吧，有感恩吧，当然，还有一种压力。"

"嗯，老爸，我觉得我好像能体会你说的那种压力，就像我花了你们给的零花钱就要听你们的话一样。"

"差不多吧。孩子在受到资助后，他们就会有这种压力,资助的钱越多,他们的压力越大,因为他们觉得欠了资助人更大的恩情。"

"老爸,这不是很好吗?他们有感恩的心呀!"

"感恩是好,可什么都不能过度。正因为受资助的人对资助者有太深的感恩之情,所以他们对资助者做得不妥的地方会极力容忍——比如,有些资助者老是觉得自己做了好事,就拿资助的孩子做宣传,给自己贴金;有的资助者真把自己当成孩子的恩人,没事就批评两句……当然,受资助的人肯定是不会说什么的,但心里肯定不好受。时间久了,两个人之间就会有误解、裂痕,原本的感恩之心可能就会转变成仇恨之心。"

"不会吧,老爸?"

"一仑,人性是很奇怪的。所以,咱们资助黄敏,你要答应我几件事。"

"什么事,老爸?"

"第一,不要跟其他人提起黄敏的事,更不要在别人面前自夸,说自己资助了一个贫困学生。这件事就你知我知,还有你妈妈知道就行了。"

"嗯。"

"第二,如果以后有机会和黄敏联系,不要说咱们是如何资助她的,只管尽量帮她把学业完成,以后的路如何走是她自己的事,咱们一概不问。"

"嗯。"

"第三,如果她要表示感谢,咱们就告诉她资助她是为了让她学业有成,更好地报效国家,让父母过上好日子。要感谢就去感谢国家和父母养育了她。总之,无论如何,不要让她觉得欠了咱们什么。"

"老爸,你说的第三条我有点不理解呀!"

"一仑,你说咱们资助贫困学生是为了什么呀?"

"为了献爱心呀,这还用问?"

"不是献爱心,一仑!"

"不是献爱心?"一仑有点迷茫了。

"是为了给咱们的国家发展做点贡献。"老爸语重心长地说。

"老爸,你说得太崇高了吧?"

"你想,黄敏受了教育,那她的下一代不是也会受益吗?至少她以后会给孩子讲故事,至少她会让孩子从小认字,她的孩子一定会比她生活得更好。然后,她的孙子辈又会比她的子女过得更好,说不定还能培养出一位名人呢!"

"呵呵,老爸,你真会说笑呀!"

"老爸不是在说笑,一仑,这才是咱们献爱心的真正原因。"

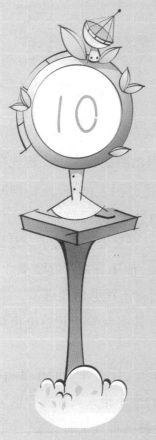

10 新学期的收获

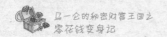
小黄敏终于不用再走几十里山路去听课了，她现在寄宿在乡镇小学的宿舍里，因为是贫困生，学校还特别减免了她的住宿费，一仑知道这个消息后特别开心。

时间过得真快，暑期结束了，一仑又要上学去了。表哥的作文培训班也停课了，听表哥说，他还有一年就要毕业，现在他已经开始提前找工作，以后就不再办培训班了。

人们经常说"新年新气象"，其实新学期开始也很热闹。

开学第一天，学校门前停满了车，什么牌子的车都有，简直就是家用汽车展览会。家长们恨不得人人都能开辆宝马来，这样才够面子。孩子之间也被这种气氛所感染，他们会不自觉的去比较谁家的车好，以至于现在每个学生都是汽车通，哪个牌子的车好，哪个牌子的车贵，他们都一清二

楚。这不,老师还没来,教室里就热闹起来了。

"罗毛毛家就是有钱呀,那辆车叫什么来着? 对,劳斯莱斯,听说要 400 万呢!"

"400 万? 哇,那得是多少钱呀?"一位女生尖叫道。

"是呀,那车看着就带劲,哪像某某人,家里只有一辆桑塔纳还敢开出来!"王迪挖苦道。

王迪说的某某人就是林雅雯,雅雯当时埋头整理暑假作业,并没有听到王迪说的话。

一仑此时正悠哉地在纸上画卡通人物,他并没有加入对车的讨论中,一方面是因为他对车不感兴趣,另一方面是他觉得谁家车好谁家车差好像与他没什么关系。

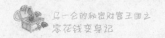

# 让人费解的攀比

"**爸**爸,妈妈,我回来了。"一仑将书包放在沙发上,拿起一个馒头就啃。休整了一个暑假,没想到开学第一天还有点不适应,没到吃饭时间就已经饿得不行了。

"慢点吃,别噎着。"

"新学期第一天,感觉怎么样?"一仑爸问。

"还能怎么样,又开车展了。"

"哈哈……你们同学又评论谁家的车好了?"

"是呀,老爸,多亏你明智,让我坐地铁上学,如果开车去,就你那破车还不被人嘲笑啊!"

"是吗?你们同学之间还比谁家的车好车差?"

"那是。"一仑点点头。

"这可不好呀,怎么小小年纪都喜欢拿这些东西攀比呀?"

"老爸,说实话,我也希望你能开个好车送我上学去,那样多有面子!"

"是挺有面子的,不过这还不够拉风。要是开着直升飞

机去上学,那面子就大了去了。"一仑爸半开玩笑地说。

"老爸,你还挺有想象力的。"

"对了,一仑,老爸正想着咱们的理财课很长时间没上了,要不今天咱们接着学怎么样?"

"行呀,老爸,不过今天你准备讲什么内容?"

"嗯,我原本想给你讲些更专业的理财内容,像股票、基金、汇率什么的,不过,现在我想在讲这些内容之前,咱们先来聊聊你刚才说的话题。"

"我刚才说的话题?"

"嗯,就是攀比。"

"这和理财有关系吗?"一仑有些不理解。

"当然有关系了,理财失败的人中很大一部分就是这个'攀比'作的怪。"

妈妈做好了晚饭,一仑和老爸结束了谈话,赶紧过去帮着张罗。这天的菜可真够丰盛的,有一仑最喜欢吃的烧腐竹。吃饭的时候,一仑妈出乎意料地问:"一仑,你和爸爸这一回讲的理财课是关于攀比的?"

"是呀,怎么了,老妈?"

"等会儿开始了把我也叫上,我也学习学习。"看来一仑妈对这个话题也挺感兴趣。

"好呀,老妈,8点开始,到时候我喊你。"

不知道是不是一仑妈在场的缘故,一仑爸有点紧张,

讲课都不如以前流畅了,他喝了口水,上了趟洗手间,终于平静下来了。

"好了,我们现在开始讲课,我先把今天课程的要点写出来。"一仑爸开始在白板上写字。

第6讲　攀比与理财

1. 攀比源自虚荣心。
2. 表扬过度症。
3. 盲目攀比影响财务状况。

"我记得有位哲人说过'痛苦来自于比较',"老爸一开口就引经据典,"当一个人开始处处与他人比较时,痛苦就来了。

"'攀比'一词有两个含义,一个是'比',一个是'攀'。一个人老是拿自己和别人'比',只要有不如别人的地方,就要'攀',也就是要超过别人或者至少也要一模一样。其

实,攀比心理每个人都会有,只不过轻重程度不同罢了。"

一仑妈点点头,说:"一仑爸,对这个事我一直就想不明白,你说人为什么老是喜欢攀比呀?"

"这很正常,因为每个人都有攀比心理。"

"每个人都有?"

"是呀,每个人都有。你想想,如果一个人看到别人过得好,他一点想攀比的心都没有,那是不是也太没出息了。适当的攀比心会刺激一个人的斗志,让他不断提高自己的生活水平,我们这里说的'攀比'其实应该加个限定,叫'过度的'攀比。"

"什么是'过度'呢?"一仑问。

"比如就理财来说,就是不顾自己的经济实力,在消费等方面一味比高,不甘落于人后,别人住的房子是 100 平方米的,他的绝不能是 99 平方米。"

"我们单位同事小梅就是这样,又不是太有钱,总是喜欢高消费,见不得别人比她过得好。"一仑妈说。

"这种过度的攀比往往源自虚荣心。虚荣心重的人,特别在意别人对自己的评价。说白了,就是喜欢听别人的夸奖,如果有人说他不好,他就受不了。当他看到别人某个地方比自己强的时候,比如别人的车比他好,他就会感觉好像有人在背后对他说:'瞧,还是不行吧!你看人家的车多好,你的车真该扔掉了。'于是,他就会努力换辆更好的车,

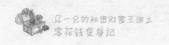

心里就会无比的快乐，就像有人对他说：'还是你有本事，说换好车就换好车。'一些女孩子喜欢买品牌衣服其实也是这种虚荣心在作怪。"

"原来是这样啊。"一仑妈有点想明白了。

"你们看我写的第三点:盲目攀比影响财务状况。一旦一个人陷入到过度攀比的泥沼,他消费的时候就很少会顾忌自己的收入,先把东西买到手再说。长期下去,往往会背负很多债务。"

"老爸,我觉得你说的不一定全对。你看罗毛毛家,什么好就买什么,你刚才说过度攀比会导致财务出状况,可人家有的是钱,怎么会出现你说的情况呢?"

"呵呵,一仑,你一定要记住老爸说过的话,没有花不完的钱。罗毛毛的爸爸不能照顾毛毛一辈子,毛毛终归要自己生活,他还能像他老爸那样挣很多钱吗? 一旦攀比成了一种习惯,过度消费就会一直持续下去,再大一座'金山'也会被挖空的。还有,一仑,咱们不是说不要攀比吗?毛毛家有多少钱、有多好的车、有多好的房,那是他们的事,咱们不需要去操心,呵呵,过好咱们的每一天才是最真实的。"

一仑以前也经常听老爸讲,过好自己的每一天才是最真实的,今天他好像有点明白了。是啊,别人过怎样的生活与自己又有多大关系? 就像那次踢球一样,郑凯连进3个

球，一仑心里很不舒服，他觉得自己也应该受到欢呼才对——这或许就是虚荣心作怪吧。可郑凯球踢得好，大家给他欢呼，这又与自己有什么关系呢？一仑如果也想得到欢呼，踢好球就行；他如果不在意这种欢呼，把踢球当成一种乐趣也行呀——无论是哪种选择，做好自己就行。郑凯依然是郑凯，一仑依然是一仑，谁去攀比谁都会让这个世界失去一个有个性的人。

"一仑，发什么愣呢？"老爸推了一下一仑，一仑这才从思考中清醒过来。

"一仑爸，接着讲吧，我看你第二点没有讲，表扬过度症是怎么回事呀？"

"嗯，刚才说的虚荣心其实每个人都有点，但一些不适当的行为会增强这种虚荣心，表扬就是其中一种。"

"表扬？不会吧！"一仑妈感觉有点不可思议。

"以前咱们中国的家长喜欢打骂孩子，后来教育界兴起了一股'赏识教育'的潮流，这种'赏识教育'被很多人误解为表扬教育。"

"表扬教育？"

"对，就比如孩子做了一件事，家长就说'你真棒！'幼儿园的老师也经常说：'××是个好孩子。'反正就是从之前经常打骂孩子、不听孩子意见走向了另一个极端：一味地表扬孩子。"

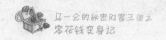
老爸停顿了一下，接着说："表扬多了，其中一个负面的结果就是孩子对表扬'成瘾'，无论做什么事，没有表扬就不去做，没人夸奖就不去做。可你们要知道，小的时候，家长、老师会哄着你，表扬你，到了社会上，谁还会这样做？那些离不开表扬的孩子长大后就会去苦苦寻求别人的夸奖，而这一切都会加重他的虚荣心，进而加重他的攀比心理——一个人为什么会去攀比买豪宅，那是因为住得起豪宅会让别人羡慕，而别人的羡慕是多么重要的一种表扬啊。"

"一仑爸，还是你有学问呀！"一仑妈感慨道，"看来不仅是理财，就是平时教育孩子都是一门深奥的学问。"

听到一仑妈的夸奖，一仑爸禁不住有些得意，一家人又聊了点别的就各自休息了。

# 生产者和消费者

可能是刚开学的缘故吧，学校里的课程并不是特别紧张，老师也没有那么严肃，讲课之余还和同学们聊聊各种有趣的话题。这天语文课，正课结束后，张老师和大家说起了一个老话题：大家长大后有什么理想。

理想，对这些初中生来说是一个很抽象的词。也许他们认为的理想就是长大了想干什么，或者是当科学家，或者是当明星，或者是当企业家。张老师拿出了准备好的信封，对下面的学生说："孩子们，你们每个人都会有不一样的理想，也许你的理想在别人看来并不一定是多么伟大，但老师希望你们长大以后都能实现理想。"

张老师让第一排同学帮忙把信封发下去，现在每个同学手里都有一个信封了。

"同学们，现在咱们来做一件很简单的事，请把你的理想写在一张纸条上，装进信封，然后交到老师这里，老师会给你们封上口，保存起来。如果二三十年后你们有谁还记得这个信封，就来找张老师要，我会一直替你们保管的。"

班里的同学有的在小学时就做过这件事,但他们还是认真地写下了自己的理想,因为在他们的心中,20年后的情景无论如何也是想象不到的,也是非常具有吸引力的,他们真的希望有那么一天,能在20年后打开信封再看看。

一仑的纸条上写的是:当一位著名的作家。

晚上回到家,一仑把在班里发生的事讲给老爸老妈听,没想到老妈居然说她小时候也做过这件事,不过是她自己写的,老师没有要求这样做。只是后来老妈忘了信封放在哪儿了,再也没有找到过。

"你们老师挺有趣的嘛!对了,一仑,你写的理想是什么呀?"一仑爸问道。

"我想当个作家。"一仑说。

"作家?那可不是容易当的,不过爸爸支持你。"

"谢谢老爸支持。对了,老爸,今晚的理财课讲什么内容呀?"

"你们写理想这件事让我有了灵感,你看,你的理想是成为作家,也许刘鹏的理想是当个运动员,而毛毛的理想可能是当个政府官员……要是把你们所有人的理想都统计一下,说不定各行各业的人都有。"

"是的,老爸,肯定有很多种。"一仑说。

"不过,从咱们理财的角度来说,各行各业的人最终都可以归为两类人。"

"两类人？那么少？"一仑觉得老爸说的有点不可思议，运动员、明星、政府官员……这些人差别大得很，怎么会只归为两类人呢？

"一会儿你就知道了，先吃饭，理财课上咱们再讲。"老爸笑着说。

吃完饭，休息片刻，老爸的理财课开始了。老爸在白板上写下了今天理财课的主要内容：

第7讲　生产者与消费者

1. 生产者生产商品或服务，通过出售商品或服务来挣钱。
2. 消费者消费商品或服务，消费商品或服务时需要花钱。
3. 一个人必定是消费者，他同时也可以是生产者，存在只消费不生产的人。

"老爸,你写的这些名词我有点看不懂。"

"没关系,我慢慢给你解释。"一仑爸考虑了一会儿,觉得还是举个例子一仑容易听得懂。

"一仑,咱们举个例子,一个著名歌星来这里开演唱会,你和老爸买了票去听,你认为在这个过程中,谁是生产者,谁是消费者? 生产者生产了什么,而消费者又消费了什么呢?

"生产者是歌星吧? 我和你好像没生产什么。"一仑回答得有点犹豫。

"说对了,生产者是歌星,他'生产'的是精彩的表演,主要是他那动听的歌声——因为表演这种东西不是一种具体商品,我们可以称它为服务。"

"那消费者又是谁呢?"老爸接着问。

"当然是我和你了,老爸。"

"那咱们消费的是什么?"

"是歌星的表演。"

"聪明,就是他的表演。为了'消费'他的表演,我们就要花钱买票。而歌星为我们提供了表演,所以他就挣到了钱。"

"老爸,我明白了,按你的说法,是不是可以说,足球厂生产了足球,所以它可以通过卖掉足球来挣钱,而我作为消费者,当然就是要花钱来买球了。"

"对,就是这样。如果你把所有人归结为生产者和消费

者两类人,你就会发现世界突然变得非常简单了。"

"老爸,你第三点写'一个人必定是消费者',这是为什么呀?"

"你说一个人要活着的基本条件是什么呀?"

"吃饭。"

"是呀,吃饭难道不是消费吗?"

"呵呵,这么简单,我怎么没有想到。"一仑笑着说,"我看上面还说'存在只消费不生产的人',不会是我吧?"

"准确来说,你还是有生产东西的。"

"我有生产东西?"

"你写的作业就是你生产的呀!可惜没有人来买,所以你生产的东西从理财角度来说是'无价值'的。"

"噢,是这样的。"一仑似有所悟。

"当一个人还是婴儿的时候,他才真正是一个纯粹的只消费不生产的人,他什么都不做,只是吃喝拉撒,你说是不是呀,一仑?"

"老爸,你太逗了。"一仑忍不住笑了起来。过了几秒钟,一仑抬起头来,继续问道:"老爸,你把人分成这两类,对理财到底有什么帮助呀?"

"这又得说到我们的理财等式了。"

"怎么又是理财等式?"

"所以我说,理财等式是一个看起来简单其实非常深

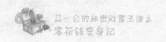

奥的东西。"一仑爸一边说一边在白板上把理财等式又写
了出来。

$$收入 - 支出 = 余额$$

"一仑，你看，一个人当他作为生产者的时候，他会生
产商品或服务，而当这些商品或服务被出售，他就可以挣
钱，这钱不就是他的'收入'吗？所以，我们可以说，一个人
的生产能力决定着他的收入。一个人能不能挣钱，只要看
他能生产什么就知道了。你看街边的乞丐，他能生产什么？
什么也没有，所以他只能把他人的施舍作为他的收入来
源。你再看那些辛勤工作的清洁工，他们生产的是什么？是

166

舒适优美的环境,所以他们会挣到钱。而那些出版社呢?他们提供的是精美的图书……一个人不生产或者说不劳动,他就无法提供别人需要的商品或服务,也就无法挣到钱,也就没有'收入'。

"一仑,你知道为什么说'劳动最光荣'吗?"

一仑点点头,又摇摇头,点头表示他理解,摇头表示他理解得不太透彻。

"因为有劳动才有生产,有生产才有商品和服务供大家消费呀!"

一仑伸了伸懒腰,看来是有点累了。

"今天咱们的课就到这儿吧。一仑,以后你见到不同行业的人,都可以试着用今天咱们说的两类人来分析分析,看他生产的是什么,消费的是什么,这样你对他的财富是怎么来的就一清二楚了。"

一仑现在是不得不佩服老爸了,他发现老爸总是很善于把复杂的问题总结成简单的几点,然后就容易理解了。根据老爸的理论,一仑现在实际上还只是一个消费者,因为他并没有参加工作,根本谈不上生产什么,只是消费而已。

这就是一仑新学期刚开始时的收获,他知道世界上有两类人:生产者和消费者,而他现在"两袖清风",是个纯粹的消费者——虽然老爸说他也能生产些数学作业、语文作业之类的东西。

11 神秘的利息

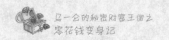

这天晚上，一仑的爸爸妈妈在看电视，是一个访谈节目，请了几位专家，一起讨论美国人"超前消费"的生活方式到底适合不适合中国人，于是他们两个人也开始发表自己的看法。一仑爸坚持认为中国人现在不适合搞超前消费，而一仑妈则认为可以超前消费，要不然很多东西靠现有的钱根本就买不到，如果没有超前消费，他们还住不上现在的房子呢。

刚开始一仑还没在意两个人的讨论，可不到 5 分钟，两人说话的声音越来越大，讨论变成了争论，眼看就要成为争吵了——看来他们两人是谁也说服不了谁。

"爸、妈，你们不要争了，我在写作业呢。"

一仑爸妈这才意识到自己刚才有点太激动了，没注意到孩子还在学习呢。

"一仑,你觉得一个人可不可以超前消费呀?"老爸问。

三口之家有一个好处,就是如果对一个问题进行表决,决不会出现票数相等的情况。老爸期盼一仑也不认同超前消费,这样他就可以 2:1 胜出了。

这时候老妈当然也有同样的想法,于是两双炯炯有神的眼睛一齐望着从书房里走出来的一仑。

一仑挠挠头,想了想说:"老爸、老妈,什么是超前消费?"

原以为一仑会有一个选择,没想到他对大人们讨论的话题并不了解,于是老爸马上决定给一仑补上一课,晚上的理财课就讲超前消费了。

这以后,老爸老妈也不争论了,等一仑写完作业,一家三口到书房一起说起了超前消费,就算是一堂理财课了。

# 超前消费

现在老妈也挺喜欢和一仑他们一起上理财课，其实也不是非得学什么，只是觉得一家人在一起共同学习、讨论特别的温馨。

这次照例是老爸先在白板上写出要讲的内容重点：

第8讲　超前消费

超前消费是一种超越暂时经济能力的消费，通俗地说，就是今天花明天的钱。

一仑看了老爸写的，想起了老妈在争论中说的贷款买房。

"老爸，贷款买房是超前消费吗？"

"是呀。"

"老爸，既然这样，那我觉得老妈说的是对的，应该可以进行超前消费，不然买不到房子，咱们连住的地方都没有了。"

一仑爸觉得自己一时陷入了困境，他虽然不赞同超前消费，可他自己确实是这样做了呀。于是他只能改口说："老爸也不是完全不赞成超前消费，而是反对过度地去消费，超前消费的部分也就是贷款的部分最好不要超过收入的三分之一。"

"哈哈，就别再死要面子了。"老妈趁机"挖苦"道。

"好了，说不过你们，咱们接着说这个超前消费吧。"

老爸在白板上又写了几个字，好像是一个人的名字。

凯恩斯

"其实以前的人是很在意收支平衡的，他们在思想上并不认同超前消费，觉得那样是不会管理自己的财务。但一个人的出现改变了这种状况，他的名字叫凯恩斯，全名叫约翰·梅纳德·凯恩斯，"一仑爸指着白板说道，"他是一

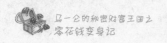
个著名的经济学家,提出了很多重要的经济学理论。"

"老爸,你不会讲经济学吧?那可有点深奥,我估计听不懂。"一仑有点担心理解不了老爸接下来要讲的内容。

"不会的,我会尽量讲得简单点。当时西方一些国家失业情况很严重,就是很多人找不到工作,这可是很麻烦的事。没有工作的人多了,就会有人闹事,该怎么办呢?

"于是凯恩斯提出来,失业太多是因为消费太少。"

"老爸,你等等,很多人找不到工作怎么会跟消费多少有关系?"一仑打断了老爸的讲解。

"别着急,听我说嘛。还记不记得之前我讲过生产者与消费者。"

"记得。生产者生产商品或服务,通过出售商品或服务来挣钱。消费者消费商品或服务,消费商品或服务时需要花钱。"一仑的记忆力确实没得说。

"凯恩斯就说了,你看看大家都不去花钱,都不去买东西,那些生产者生产出来的商品与服务卖不出去,工厂就要倒闭,工厂一倒闭,不就有很多人找不到工作了吗?相反,如果每个人都在多花钱消费,生产出来的东西全部卖出去了,甚至还不够卖,那工厂肯定要扩大生产,扩大生产就要招人,自然失业的人就少了。

"简单来说,凯恩斯的理论就是'消费决定论'——大家消费得越多,经济越繁荣,经济越繁荣,能找到工作的人

就越多。既然只要消费多一点就可以解决失业问题，那政府肯定是要鼓励消费了，但再怎么鼓励，人们手中的钱毕竟有限，于是诞生了超前消费——银行先借钱给你，让你去拼命消费，然后你再分期还给银行。这样，凯恩斯的理论开始慢慢影响人们，越来越多的人已经理所当然地接受了超前消费。"

"原来是这样。"一仑妈这才明白了超前消费的发展背景。

"不只是咱们超前消费，你看现在的政府也是！咱们天天在电视上听到政府有多少财政赤字，赤字是什么，就是钱不够花，于是发些国债向全国人民借钱花。"

"老爸，那你说超前消费到底是好是坏？"

"一仑，很多事情是不能简单用好或坏来区分的。超前消费有很多好处，就像你们刚才说的那样，咱们的房子就是靠贷款买来的，这也是超前消费。我还记得大家经常就贷款买房说过一个故事：有两个老太太相遇了，一个来自中国，一个来自美国。中国老太太说：'我攒了30年钱，晚年终于买了一套大房子。'美国老太太说：'我住了30年的大房子，晚年终于还清了全部贷款。'你看，如果没有超前消费，爸爸妈妈也得到老了才能攒够买房的钱。"

"是呀。"一仑妈附和道。

"但超前消费也有弊端。要超前消费就要向银行借钱，

而银行是不会白白借给你钱的，它是要收利息的。一仑，像咱们买的这个房子，等还款结束后，利息总共有差不多 10 万元呢！超前消费让咱们提前住上了房，但也增加了咱们的负担。超前消费最容易产生的问题就是过度消费。正因为可以借钱消费，一些以前不敢买、买不了的东西现在也可以买了，花的钱越来越多，要还银行的利息也越来越多，还款的压力越来越大，有些人甚至最后会无力偿还。"

"就是说，什么事情都不能过度，适当的超前消费还是可以的，千万不能只有 10 万的偿还能力却消费 100 万的东西。"老妈怕一仑不理解，又赶紧作了补充。

老爸接着说："说到利息了，咱们明天就讲讲这方面的内容吧，利息可是个非常有意思的话题呢。"

# 黄世仁和杨白劳的债务纠纷

不知道什么原因，最近电视里面经常会播一些红色经典电影，今天演的是《白毛女》。对于一仓这个年龄段的孩子来说，不要说是旧社会，就算是改革开放之初的 20 世纪 80 年代是什么样他们也完全不清楚，当初人们认为合情合理的事在他们看来就有了新的想法，"白毛女"就是一个例子。

那天下午，一仓不知哪来的兴趣，和爸爸妈妈一起"品味"了这部红色经典电影。看完电影，一仓不解地问："老爸，我有点不太明白呀。"

"什么地方不明白？"

"你说欠别人的钱是不是应该还呀？"

"那当然了！"

"那杨白劳欠黄世仁的钱，不是也应该还吗？"

"嗯。"老爸点点头。

"那他还不起债，黄世仁让喜儿抵债，这有什么不对吗？"

一仑爸心里暗自发笑，一仑的想法和现在网络上很多人的想法有点类似，他们甚至觉得喜儿逃到深山中很傻，还不如嫁给黄世仁，那样就能过上幸福的生活了。看来不同时代的人对同一件事确实有不同的理解，但有些东西是改变不了的，不要忘了，喜儿喜欢的是同村青年大春，真正的感情不是所谓的"好生活"能代替的，更何况黄世仁是将喜儿当做自己的私有财产来看待，谈何幸福的生活？

一仑的想法看似有理，其实是不了解事情的本质，老爸刚好因势利导给他讲解一番。

"一仑,你说得有道理,不过是不正确的。"

"怎么会不正确呢? 我经常听欠债还钱的道理,连我给刘鹏买礼物,借老爸的零花钱都要还,更何况杨白劳呢? "

"欠债还钱是应该的, 不过就算按咱们现在的眼光来看,黄世仁也犯了三个错。"

"他犯了哪三个错? "一仑妈感到有点意外,她以前只觉得这黄世仁不好,可要让她说出究竟不好在哪里,还真说不出来。

"第一,欠债还钱是对的,但欠债的是杨白劳,按照现在咱们法律的规定,喜儿是没有义务还债的。虽然大家都说'父债子偿',但法律并不支持。所以,黄世仁想让喜儿抵债的做法是行不通的。

"第二,如果黄世仁真的把喜儿抓走了,那是侵犯了喜儿的人身权。在当今社会,除了公安机关可以依法逮捕犯罪嫌疑人外,其他人和机构侵犯他人的人身自由权都是违法的。

"第三,这个和咱们的理财有点关系。黄世仁借给杨白劳的钱是高利贷,正是它逼得杨白劳喝卤水自杀的,而高利贷在咱们国家也是违法的。"

"高利贷? "一仑还真是没有注意到。

"前两条咱们就不说了,重点说一下高利贷吧,因为这和理财有关。"

"老爸,那你快讲讲吧。"一仑很想知道杨白劳借高利贷到底是怎么回事。

"咱们在说超前消费的时候提到过,你要是向银行借钱,还钱的时候是要支付利息的,但事实上不是谁都可以向银行借钱的。你就说杨白劳吧,他穷得没饭吃,银行不可能借钱给他,只有找黄世仁借了。"

"是呀,老爸,看来杨白劳是被逼的。"

"现在在咱们社会上仍然有很多人在放高利贷。"

"老爸,你说的是现在?"一仑有点不相信。

"当然是现在了,尽管社会发展了,国家富强了,但仍然有穷人呀,有的人实在生活不下去了,只得借高利贷。"

"噢。"一仑还是不愿相信在当下居然还有人要借高利贷。

"高利贷借起来容易,还起来难呀!"老爸继续讲道,"因为它的利息是复利,你知道爱因斯坦怎么评价复利吗?"

一仑摇摇头。

"爱因斯坦说:'时间加复利的威力,比原子弹还要强。'"老爸加重了语气,"咱们来举个例子,你就知道高利贷的厉害了。"

一仑爸拿出纸和笔,一边写一边给一仑解释,老妈这时候已经起身去厨房做饭了,偶尔也过来听一听。

"现在假设杨白劳要向黄世仁借 1 万元钱，一种是普通的借钱，就是支付单利，月利息为 1%；另一种是借高利贷，月利息为 5%。咱们看看一年后两种方法各需要还多少钱。"

支付单利的普通借钱：

所借的钱（即本金）为 1 万。

1.第 1 个月支付利息 $= 10000 \times 1\% = 100$ 元；

2.第 2 个月支付利息 $= 10000 \times 1\% = 100$ 元；

……

12.第 12 个月支付利息 $= 10000 \times 1\% = 100$ 元。

杨白劳一年需还黄世仁利息 1200 元，连带本金一共是 11200 元。

"一仑，高利贷的计算可不像单利这么简单。一方面高利贷的利息非常高，咱们假设月利息为 5%已经算是比较低了，另一方面高利贷是用复利计算利息，它的计算公式比较复杂。"

支付复利的高利贷借钱：

12 个月以后杨白劳一共需还黄世仁的钱 $=$ $10000 \times (1 + 5\%)^{12} = 10000 \times 1.79587 \approx 17959$ 元，其中

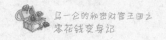

利息为 17959−10000 = 7959 元。

一仑挠挠头，怎么也看不懂老爸写的等式。

"没关系，一仑，这个等式你不需要理解，老爸写出来只是让你对比一下两种不同借钱方法需要还的钱有多大差别。你看，杨白劳年初在黄世仁那里借了 1 万元的高利贷，只过了一年，他就要还给黄世仁 17959 元，光利息就将近 8000 元。"

"这也太离谱了吧？"

"一点也不离谱，咱们计算的只是 12 个月的利息，要是借钱的时间越长，复利就会增加得更多，因此被人们戏称为'利滚利'、'驴打滚'。你知道如果杨白劳借的钱不是 12 个月还而是等到 24 个月（两年）再还得还多少钱吗？"

一仑摇摇头。

"32251 元！当初借的是 1 万，仅仅过了两年就需要还 32251 元，是原来本金的 3 倍还要多！"

一仑张大了嘴，简直不敢相信。

"现实中的高利贷比咱们计算的更可怕，月利息高于 5%的比比皆是，老爸就见过一个人因为还不起高利贷而自杀了。"

"太恐怖了。"

"是呀，所以一仑你要记住，以后千万不要沾上高

利贷。"

"老爸,放心,我肯定不会借高利贷的。"

"嗯,不过还有要注意的,比如信用卡。"

"老爸,你说的就是那个可以透支消费的卡吧？"

"对,信用卡可以透支消费,其实就是咱们说过的超前消费,消费完了再还银行的钱,当然还包括利息。"

"可信用卡不是高利贷呀。"

"嗯,它的利息率相对比较低,构不成高利贷,不过,它也会玩复利的把戏,一旦你没及时还款,利息就会迅速增加,有你受的。在你办信用卡的时候银行往往只说信用卡的好处,而不提醒你存在的风险。"

这时候一仑妈从厨房端菜出来,听到他们讲信用卡和复利,这才恍然大悟:"怪不得我同事刘姐一直抱怨办了信用卡花钱越来越多呢,经你这么一说我是明白了。信用卡和咱们平时用的银联卡是不一样的,办的时候一定要问清楚所有的细则,不然真的会跌进复利的陷阱。"

"当然了,信用卡主要的赢利就是靠收取利息。我虽然是在银行工作,但我从来都是对来咨询的人建议尽量不要用信用卡,就是想投资一些理财项目也要根据自己的能力,千万不能盲目选择。"

"老爸,要是杨白劳那时候有你指导,他就不会向黄世仁借钱了。"一仑笑着说。

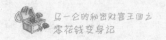
　　"一仑,我可没有那么大本领,"老爸严肃地说,"旧社会穷人过的日子你是难以想象的。那时候到处是战乱,能平平安安活下来都是奢求,不然杨白劳怎么会忍受黄世仁那样的盘剥,还不是为了有口饭吃?可惜,到最后他种的粮食还不够交租的,只能向黄世仁借钱,到最后被逼拿喜儿抵债。"

　　"老爸,生活在那个时代真是痛苦。"

　　"是呀,所以才会有人站出来要建立新中国,让所有的

穷苦人都有饭吃。"一仑爸毕竟是"年岁大了",对中国的历史有着很深的了解。

"老爸,你小时候有饭吃吗？"一仑问。

"有呀！只不过没现在吃得丰盛。爸爸小时候过生日,就是煮一个鸡蛋吃。记得那年中考,你奶奶还给爸爸装了两个鸡蛋和一根油条,既是补充营养,也是保佑我能考个100分。"

"老爸,那你考100分了吗？"

"没有,数学考了99分,语文我现在已经记不清楚考多少分了。"

这时,老妈走过来,对父子俩说:"聊得挺投机的啊！好了,该吃晚饭了。"

一仑和老爸帮着摆好餐具,一家人开开心心地共进晚餐。

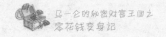
# 借钱的学问

周末就是好呀，天气晴朗，关键是不用去上课。一仑一觉醒来，看爸妈已经起来了，早饭也已经做好，看来当小孩子就是舒服，用不着操心去挣钱，也用不着早起做饭。

一仑洗漱好，坐在沙发上发愣，他好像还在想昨天老爸讲的"黄世仁和杨白劳"的故事。老妈看着一仑的样子，忍不住笑了出来："想什么呢，这么深沉？"

"老妈，我想到一个问题，老爸一直说尽量不要借贷消费，可要是真的有急事需要钱怎么办，总不能坐以待毙吧？"

一仑一边说一边坐到饭桌前，今天的早餐比较随意，稀饭、馒头、煎鸡蛋，还有几个小菜。

老爸喝了一口稀饭，说："那就只能借钱了，活人总不能让尿憋死。人们在做事情时是要分轻重缓急的，如果连饭都吃不饱，天天都有饿死的可能，谁会有心思读书？等生活稳定了，有吃的有穿的，就会想到学知识，谋求更大发展。讲理财也是一样，如果现在风餐露宿，要吃没吃，要住

没住,怎么还会有多余的精力和财力来进行理财呢?你刚才说有急事了要不要借钱,当然要借了,如果急事不先解决,问题可能就会恶化,所以你不要听老爸说尽量不借钱就真的什么情况下也不借了。"

"你老爸的意思是先要渡过难关才行,眼前的问题都解决不了,当然就谈不上今后的理财了。"

"你妈说得对,当然,我们能不借就尽量不借,这是一个理财原则。"

一仑夹起一块煎鸡蛋咬了一大口。等吃完了饭,他要到老爸的单位去,因为今天老爸要加班,老妈也有事出去,一仑不想一个人待着,就准备跟着老爸去他单位看看。

正吃着饭呢,老爸好像又想起了什么事,扭过头对一仑说:"一仑,你知道有时候咱们非得借钱不可,老爸又想到了一些事跟你说说。"

"什么事呀,老爸,还是关于借钱吗?"

"嗯,就是借钱的时候要注意的问题。"

一仑妈这时候也插话了:"借钱也有特别注意的问题吗?"

"是呀,你们有没有听说过 句话:'如果你想失去一个朋友,就去向他借钱吧!'"

"老爸,怎么会这样说呢,向朋友借钱应该是很自然的事呀!"

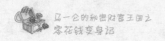

"因为借钱有时候会产生纠纷,如果两个人是陌生人,有纠纷大不了找法院来判决,可朋友就不一样了。你想想,之所以能成为朋友就是因为你们之间感情深呀,这时候处理起纠纷就很麻烦,处理吧,伤感情,不处理吧,钱又是个问题。所以世界上经常有好朋友因为钱的问题闹矛盾,也就有了这句俗语。"

"可是老爸,如果我需要借钱,不向朋友借,难道是向陌生人吗?"

"当然不是了,老爸是告诉你借钱的时候要注意的问题,这样就可以避免伤害感情的事了。"

"那你快说说吧,我也学习一下。"老妈附和道。

"第一点就是要讲信用。'有借有还,再借不难',谁这一辈子还不遇到点难事,所以当你借钱的时候人家也能体谅你,毕竟找人借钱不是一件光彩的事,谁也不会轻易开口的。而一旦别人借给你钱了,一定要及时归还,比如说好了一个月还,你最好在 25 天左右的时候就提前说一下还钱的具体时间。如果真的不能按时归还,那就要开诚布公地说明不能及时还钱的原因,还有下次还钱的日期,让你的朋友心里有个底,只要对方不是急用钱,人家一般是能体谅你的。信用是很难建立的,你每次借钱都能准时还,大家会觉得你是个守信的人,也不会担心借出去的钱收不回来。如果你不讲信用,慢慢地大家就不会借钱给你了,朋友

之情也会淡许多。"

"老爸，你说的这个我懂，就像我们班上有的人借笔用，老是忘还，还经常把笔弄丢了，到最后谁也不敢借他东西了。"

"第二，你借的钱一定是要用在正途的。比如你的家里有人生病了，急等着做手术，但缺钱用，你向大家借钱，作为朋友一般都会伸出援助之手，因为这是救命的钱，是用在正经地方了。可如果你借钱是去吃喝玩乐，甚至是赌博，我敢肯定，只要大家知道了，就绝不会借给你一分钱——你想想，朋友的钱也是辛辛苦苦工作挣来的，人家觉得你有难处才会把辛苦钱借给你，而你都花在歪门邪道上了，让朋友怎么想？

"第三，借钱前一定要了解朋友的处境。有的人借钱，也不事先了解了解情况，找到朋友就借，如果朋友不借给他就会认为人家小气，可他不知道，人家可能也正处在窘迫的境地。老爸年轻时就犯过这样的错误。一仑，你李波叔是老爸从小玩到大的哥们儿，老爸在 30 岁的时候决定买房，可首付不够呀，就去找你李波叔借钱，结果他非常勉强，我就知道借不到了，觉得很生气，都是一起玩了快 30 年的哥们儿了，这么小气，再说，向你借的又不多，就 2 万块钱，老爸当时差点就不想再理他了——你看，'如果你想失去一个朋友，就去向他借钱吧'说得多么有道理。后来老

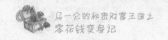

爸心情平静下来了,想想你李波叔和我关系这么铁,怎么会小气呢?后来一打听才知道,是他家孩子得重病了,正需要钱,所以才没能借给我。一仑,你看,借钱也得看清楚人家当时的处境呀。

"第四,借钱的时候要写个收据。人家说'亲兄弟明算账',听起来好像很无情,其实这才是最聪明的,钱的事归钱的事,一旦跟感情联系在一起纠缠不清,那感情一定会出问题。向朋友借钱也一样,你借人家多少钱,写个字条,这表明你很重视这件事,等你还钱的时候也写个字条,说明什么时候还了朋友多少钱,你看,这样一清二楚,就不会有什么问题。而有些人觉得无所谓,朋友之间还写什么收据,那不是伤感情吗?结果时间长了,借的钱数额多了,有时候还了多少钱双方都说不清楚,你说还了 2 万了,对方说好像还了 3 万,这可怎么办?结果往往谁也不认谁的账,本来自以为朋友间把钱算得太清楚伤感情,可事实上不算清才伤感情。设想如果大家都写了收据,哪天张三对李四说:'李四,我是你三哥呀,上次你不是向我借了 1 万吗?现在家里装修,需要钱,看能不能还了。'李四可能真的记性不好忘了,想不起有这回事,于是他赶忙找出放重要收据的盒子一看,有一张收据,上面写着某年某月某日借张三 1 万元,赶忙说:'哎呀,三哥,真不好意思,前段时间出差了,这事一直没来得及跟你说,我正准备这个月底把钱还给你

呢!'你看,事情就是这样,看起来写个收据说得明明白白好像会伤感情,最后却保护了这份朋友之情。

"第五,如果你不是向朋友借钱,而是向银行借钱,那就一定要把还钱的规定都看清楚,不然就可能会吃亏,咱们说的信用卡还款就是一个例子。

"第六,不要借高利贷。前面咱们讲理财课的时候已经说过高利贷了,这个东西千万不能沾上,一沾上就脱不了身,甚至还会有生命危险。你向银行借钱,如果不还,银行会通过法院强行让你还款。高利贷可不一样,在中国放高利贷是违法的,它不可能通过法院来让你还款,它会找一些混黑社会的人,对你进行威胁,如果不还钱就会报复你。"

这顿早餐吃了挺长的时间,因为一仑爸给一仑讲了不少的东西,如果老爸不说,一仑真的不知道借钱这件事有那么多讲究。他印象最深的就是"借钱前一定要了解朋友的情况",其实不只是借钱,无论你向朋友借什么,你都要确认朋友是不是方便借给你,不然就容易产生误会。

大家收拾了碗筷,开始各做各的事,老妈出门去了,老爸带上一仑去了他的单位。

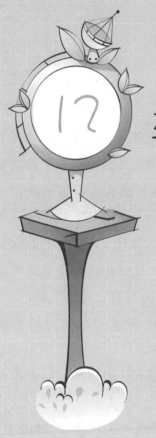

# 这就是投资

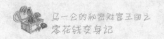

这周六是老爸值班，一仑待在办公室的一个角落里看书，老爸则在外面工作，他要回答顾客理财方面的很多咨询。

一仑看看周围，墙上贴着很多图表，上面密密麻麻写着很多数字，还有一些文字说明。他猜想这就是老爸平时经常提到的理财产品吧，因为上面写有"股票"、"基金"、"债券"的字样，而这些词老爸在聊他的工作时经常会提到。

"一仑，都长这么大了？还认识不认识叔叔？"一仑在办公室里转悠，没在意背后已经站了一个人。

一仑迟疑了片刻，终于认出了这个人："你是'神枪手'叔叔。"

这位"神枪手"叔叔其实叫冀冬，一仑不知道他的名

字,只记得小时候跟爸爸参加单位组织的旅游活动,在玩打气球的游戏时,这位冀冬叔叔枪法非常了得,居然20发全部命中,还给一仑赢了一个小毛毛熊呢,所以当时就叫人家"神枪手"叔叔。

"一眨眼都快10年了,我们的一仑都成小帅哥了。不要再叫我'神枪手'叔叔了,现在我的枪法都不行了,叫我冀叔叔吧。"

"嗯,冀叔叔。"

"刚才在看什么呢,那么认真?"冀冬问一仑。

"墙上的这些图表,不过我看不懂是什么意思。"

"噢,这是我们每个月都要贴出来的趋势分析图表,你看这张,"冀冬指着一仑正前方的那张纸,"这是今年9月份基金发展趋势图,我们通过把每天的数据列出来分析它的发展情况,这样我们就可以预测下个月哪只基金发展得更好,顾客咨询的时候我们就可以讲了。"

"原来是这样呀,冀叔叔,我之前还以为做理财咨询很轻松的,没想到还要做这么多工作呢。你看,冀叔叔,这张图表是不是讲股票趋势的?我看上面标题写有'股票'两个字。"一仑表现得有点激动。

"是呀,你看起来对股票很感兴趣。"

"我就是好奇,我们班上有很多同学都说他们的老爸老妈在炒股票,但我一直弄不清股票到底是什么,炒股票

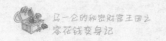

真能挣钱吗？"

"是有很多人炒股票，每个炒股票的人都希望挣钱，可事实上不是每个人都能如愿的。"

"冀叔叔，我一个人无聊得要命，你给我讲讲股票吧。"

"行呀，我刚好可以休息半个小时，咱们就来聊聊股票。"

# 初识股票

  冀冬叔叔拿了一把剪刀，将一张纸裁成了大小相等的10张纸片，并在每张纸片上都写了100这个数字。

  "一仑，你老爸平时给你讲过理财的知识吗？"

  "讲过一些，冀叔叔。"

  "如果讲过一些，你应该就能很容易理解我说的了。"冀冬叔叔把10张纸片放在桌子上，然后坐到椅子上。

  "一仑，现在假设有一家企业，我们就把它假设是生产洗发水的吧。因为管理得好，这家企业有了非常大的发展，于是它就想进一步扩大规模，再盖点厂房，再招点人。不过，做这些事都是需要钱的，而企业现在手头上没那么多钱，该怎么办呢？"

  "可以借呀，冀叔叔。"一仑答道，"可以向银行借，我爸爸跟我讲过的。"

  "对，可以向银行借，不过，还有一个方法也可以用来筹钱，那就是发行股票。"

  "发行股票？这个我老爸没有讲过。"

"那咱们就来说说。这家企业现在需要钱去建更多的工厂，它需要 1000 元，它就通过专门的机构发行了 1000 元股票，这时候冀叔叔看到这家企业发行了股票，觉得它以后会有非常不错的效益，应该可以分红，冀叔叔就用 1000 元把这些股票都买了，企业就筹到了钱。"

"冀叔叔，什么是分红呀？"

"你看，这家企业有了 1000 元后，开始扩大生产，过不了多久，就挣了更多的钱，它就拿出其中一部分分给买它股票的人，这就是分红——分享红利的意思。"

"噢，冀叔叔，你的意思是不是说，那家企业既然借了你的钱，等它挣钱的时候也应该分你点。"

"对，我总不能白买它的股票吧。"

"不过，叔叔，那万一它经营不好，没有挣到钱呢？"

"如果是这样，那我就分不到红了。"

"啊？原来是不能保证 100% 能分红呀！那你赶紧把钱要回来吧。"

"傻小子，买了股票，钱就要不回来了。你看这 10 张纸片，就代表 10 股股票，每一股是 100 元，总共是 1000 元，这 1000 元股票是不能再退给企业了。"

"那不行呀，如果我不想要这些股票了该怎么办？"

"虽然股票买了就不能退回去，但你可以转让。比如我有 500 元的股票不想要了，这时候刚好一仑你想买这家企

业的股票呢,你给我 500 元,我就转让给你了。"

"噢,原来是这样。"

冀叔叔接着说:"一仑,现实生活中,一个企业发行股票不可能只发行 1000 元,很可能是 1000 万元,买股票的人也不可能只有叔叔一个,而是成千上万,有的买得多,有的买得少。如果企业效益好,给大家都分点红,大家就挣到了钱。比如你手里有 10 股(每股 100 元,就像纸片上写的那样)股票,分红是每股分 10 元,那你就挣了 100 元。同样的道理,你有 100 股,就能分到 1000 元——如果大家买了股票,只是等着企业发点红利,可能就没那么多事了,偏偏股票的价格能升能降,再加上股票可以转让,于是就有了炒股票这一现象的出现。"

"冀叔叔,股票价格是怎么回事呀?"

"一仑,咱们在企业刚发行股票的时候买的是多少钱 1 股呀?"

"100 元,你买了 10 股,共 1000 元。"

"嗯,假设接下来这个企业发展得越来越好,大家都觉得买这家企业的股票一定能分更多的红利,可这 10 股股票都在叔叔手里呢。他们就希望叔叔能转让给他们一些股票,一仑,你说我转不转呢?"

"当然不转了,眼看咱们能分更多的红利,凭什么让他们去占便宜呀。"

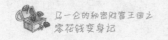
"是呀，叔叔也是这么想的，但这时候有人说：'冀冬，你买股票的时候是 100 元 1 股，这样吧，你转给我，我出 105 元 1 股。'一仑，你说这时候转不转呢？"

"转呀，叔叔，你一股挣了 5 元呢！"

"嗯，如果叔叔按那个人说的把所有的股票转让给他，那股票的价格就变成 105 元 1 股了——股价升了！你看在现实生活中，如果哪只股票价格涨了，只要把手中的股票转让出去，就能挣钱，就像叔叔那样。"

"股票真神奇呀！"一仑不由得感叹。

"不过，如果股票价格降低了，你可就要赔钱了。"

冀冬叔叔正和一仑说着呢，一仑爸进来了，他没有出声，而是站在旁边静静地听他们两个说股票的事。

"是呀，股票是很神奇。"一仑爸说，"但是也很危险，如果发行股票的公司破产倒闭了，你买的股票就变得一文不值，你投入的钱就收不回来了。"

"老爸，这个不好玩，有没有只赚不赔的理财工具呀？"一仑看到墙上写着一句话：理财工具有很多，包括股票、基金、债券……所以就用上了"理财工具"这个词。

"有呀！"一仑爸答道。

"真有这么好的事？"

"是呀，如果你买国债的话，保证你只赚不赔。"

"国债又是什么呀？"

冀叔叔接过话说:"国债要比股票简单多了,就是国家发行的债券,说白了,就是咱们国家政府向老百姓借钱。假设你买了5年期的国债1万元,过5年后政府就要还你这1万元钱外加利息,而一般情况国家是不可能倒闭的,你只要耐心等上5年就可以了。"

"不错,冀叔叔,要是我以后有钱了,就买点国债。"一仑觉得国债确实不错。

"先别高兴得太早了,"老爸笑着说,"你忘了我常提醒你的话了吗?'做任何事都是有利有弊的。'国债虽然可以保证你一定能得到利息,可一旦你买了国债,你的钱就动不了了,如果你买的是5年期的,那5年之内你就不能用这笔钱。另外,国债的利息一般是比较低的,虽然有保证,但往往不如别的理财投资工具收益好,这也是为什么不是每个人都会投资国债,或者要投资也不会把全部的钱都投资到国债上。"

听老爸和冀叔叔讲理财投资,一仑发现一个现象:凡是能够保证100%赚钱的,往往收益都不大,而且灵活性也不够,就像国债这种;而那些收益高的又不能保证你每次都赚钱,甚至有可能赔本,但灵活性比较大,就比如股票。看来真的是没有十全十美的事,便宜不能都让你占了。

很快就到下班时间了,一仑跟着老爸离开了单位,在路边吃了几串麻辣烫,然后就回家了。

# 增值与贬值（上）

**好**久不吃麻辣烫，偶尔吃一次觉得很美味，已经到家了，一仑还在回味刚吃的脆皮肠、豆腐和宽粉。

"一仑，今天冀叔叔讲的听懂了吗？"

"还行吧，反正股票、债券，这些词也经常听到，就是没想到背后这么复杂。"

"当然复杂了，要不怎么有那么多专家来研究呢？冀叔叔讲的还只是股票、债券，如果你再了解多一些理财投资工具，像外汇、基金、期货……估计你的脑袋就要大了。"

"老爸，我现在的脑袋就已经大了，还是学校的上课内容简单些，什么期货、基金，这都是些什么呀？"

"哈哈，都是用来投资的呀。"

"大家好像都对投资比较感兴趣，老爸，你给我讲讲这投资到底是怎么回事，为什么这么多人都喜欢投资？"

"行，晚上咱们的理财课就讲'投资'吧。"

一仑爸回到自己的房间，他的小说就要写完了，书名初步定为《第三现场》，他准备把结尾写得再惊悚一些，让

这个侦探故事更具有恐怖气息。到了晚上8点，要去给一仑讲理财课了，但此时他心里出现了另一个声音："给上初中的孩子讲股票、债券，合适吗？"说实话，一仑爸现在也有点不确定了，虽然他比较认同国外教育界要从小培养孩子理财能力的观点，但这毕竟是中国，多数家长还是传统的想法，认为花钱的事根本不用教，孩子长大了自然就会了——不只是理财，还有谈恋爱、做家务……这些不都是从来不用教给孩子，让他们长大了自己"无师自通"吗？可天下哪有"无师自通"的事，家长不从正面教孩子，他们就会从一些其他途径去了解、学习，只不过可能是在和朋友聊天的时候、是欠了别人钱被追讨的时候、是被人骗的时候——一仑爸还是重新肯定了自己的想法：现在教孩子理财知识是对的，孩子有了正确的看法，才不会在社会上碰壁，误入歧途。

一仑爸将小说稿子收起来，估计再有20天就能完稿了，到时候找出版社的朋友咨询一下如何出版。

一仑爸站起来伸伸腰，该去给一仑讲"投资"这个话题了。他走出房间，看见一仑已经写完了作业，在那儿做俯卧撑呢。

"一仑，现在能做几个了？"

"50个。"

"嗯，不错，有进步，以后继续坚持。"

"老爸,我感觉精神越来越好了,以前总是头晕,现在跑步、做俯卧撑,身体比以前强壮多了。"

"那当然了,身体是革命的本钱,身体不好,学习起来都吃力。好了,起来洗洗手,休息一会儿,咱们要开讲了。"

一仑洗洗手,喝了口水,等他来到书房,老爸已经在白板上写了几行字:

# 第9讲　投资

投资就是通过投入一定数额的资金而期望在未来获得回报,通俗点说就是拿钱去赚钱。比如拿钱去买股票,就是希望未来股票价格升高挣钱;拿钱去买债券,就是希望在未来能够得到利息。

如果你投入1元,最后变成了7元,我们就说你的钱增值了;而如果投入1元,最后只剩下5毛,我们就说你的钱贬值了。人们之所以喜欢投资,是因为钱能增值,而人们之所以又害怕投资,是因为钱会贬值。投资全部的奥秘就在于增值与贬值。

　　这次讲课一仑爸写的字是最多的,他担心一仑理解不了增值与贬值的意思。

　　"一仑,你理解增值的意思吗?"老爸还是要确认一下孩子能不能理解。

　　"就是变多的意思呗,1元变2元,变多了,就是增值。"

　　"嗯,不错,是变多了。你想呀,如果我买了1万元股票,过了没多久涨到1.5万元,一下子就挣了5千元,这可比辛苦工作赚钱要容易多了——你现在知道为什么那么多人疯狂地去炒股票了吧?"

　　"他们都不想辛苦地工作,想买的股票能一下子涨很多,这样就能挣很多钱了。"

　　"说得对,一仑,正是因为很多人有这种想法,才会让股票市场变得那样繁荣。不过他们经常会忘了,钱会增值,同样也会贬值。"

　　"嗯,老爸,你在白板上说人们害怕投资是因为钱会贬值。"

　　"是呀。如果你买了1万元股票,过了没多久跌到了5千元,那你不仅没有挣到钱,还赔了5千元。"

　　"老爸,我突然想到了冀叔叔说的国债,这个好像不会像股票那样涨价或跌价吧?"

　　"这个倒不会,不过因为国债挣的钱少,真正投资它的人并不多,而且,投资国债其实也是有可能贬值的。"

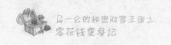

"国债也会贬值？不是说只要国家不倒闭就会按时支付利息吗？这样只能是挣钱,怎么会贬值呀！老爸,你是不是说错了？"

"没错,孩子,老爸说的贬值是相对贬值,咱们刚才说的贬值是绝对贬值。"

"老爸,我有点糊涂了。"

"老爸给你举个例子。什么叫绝对贬值呢？你看,一只股票价格,原来是 100 元,后来变成 90 元,90 和 100 相比较是减少了,这叫绝对贬值。你再看这种情况:假设咱们买了 100 元 5 年期国债,5 年过去了,最后 100 元变成了 110 元,看起来是增值了,可在这 5 年里,因为物价飞涨,原来 100 元一件的衣服现在要卖 120 元。在 2000 年的时候,你本来可以用 100 元买这件衣服,可你最后决定投资国债了,5 年后虽然你有了 110 元,可衣服你却买不起了——这叫做相对贬值——表面上看是增值,其实增值的部分还比不上物价上涨的那部分呢。"

"老爸,按你说的,还不如在一开始就买了衣服,不要去投资国债。"

"是呀！但谁又能预测到未来物价到底是涨还是降,涨能涨多少,降能降多少？万一衣服只涨到 105 元呢？那样还是划得来的。所以说将来究竟是什么样是很难预料的,这也是为什么人们在投资股票、基金时没有谁能保证一直

赚钱。"

听了老爸的讲解，一仑开始对理财有了新的认识，在平时的生活中会听到很多名词，比如说股票、债券、金融，但基本都是一听而过，只有深入了解后才会发现每个词背后都有着非常深的内涵。

老爸的话音打断了一仑的思考："一仑，今天已经讲了很多了，就到此为止吧，明天咱们还会讲关于'投资'的知识，时间不早了，赶快睡觉吧。"

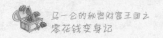
# 增值与贬值（下）

星期天早晨，6点。

一仑醒来，再也睡不着了，外面下起了雨，他来到客厅，坐在沙发上缓缓神。爸爸妈妈难得一见地睡了个懒觉，在以前这个时候他们早就起来了——你说也奇怪，这些大人们为什么起床总是那么早？

正想着呢，老爸也走了出来，倒了杯水坐在一仑旁边："小子，今天怎么不睡懒觉了？"

"睡不着，老爸。"

"哈哈，有什么事让你这么寝食难安呀？"

一仑没有回答老爸的问题，反倒是问了老爸一句："老爸，是不是人长大了睡的时间就少了？我看你们天天从早忙到晚，睡的时间很少，可还是很精神呀！"

"等你长大了不就知道了？"一仑爸笑着说。他没想到一仑会问出这样奇怪的问题，就随便应付了他一句。

"你不说我也知道。"一仑像是在对自己说话。

"你知道什么？"

"我们班主任讲课的时候常感慨说:'人年龄越大,就会越觉得时间紧迫,恨不得 1 个小时当 2 个小时用,哪像你们这些无忧无虑的孩子,恨不得把所有的时间用来玩。'"

"小孩子不想着玩,难道要等老了玩吗?"一仑爸说,"所以你们班主任说的也不全对。"

"老爸,我爱听你这句话。"

"你不是睡不着吗?咱们去洗漱,接着聊昨晚的话题吧。"

父子俩一起去洗漱,等弄好了,刚才倒的水也不烫了,一仑爸喝完了水就和一仑又坐回沙发上。这里不是书房,也就没有白板了,一仑爸就一边说一边用手在空中比画着,就像在白板上写字一样:

第 10 讲　投资的真谛

凡是有可能增值的东西就会有人投资,"增值"是投资的全部奥秘所在。

"一仑，昨天咱们讲了投资，就是拿钱去赚钱，还说了股票、债券等理财投资工具，其实，投资还有很多方法和渠道。"

"老爸，那还有什么渠道呀？"

"只要是能增值的东西就会有人投资，你想想，什么东西有可能增值呀？"

"哈哈，想到了，老爸，这个难不倒我。"一仑猛然想起了班上同学林雅雯喜欢集邮，他曾听雅雯说过，她用100元买的一套纪念邮票被一个收藏家用600元买走了，真是不可思议。

"你想到的是什么？"

"邮票。"

"不错，你小子倒是挺聪明，确实有很多人投资邮票的。除了邮票，还有人会投资字画、珠宝、古董、瓷器，这些都可以叫做艺术品，现在投资艺术品也成了一种潮流。"

"老爸，我有点不太理解，你说过，国债就是国家向我借钱，要借钱就要付利息，所以买了100元国债，过几年就变成了120元，这叫增值。可一个人买了一张字画，它怎么会增值呢？"

"问得好，一仑。大家投资是因为某些东西会增值，但增值的原因却各不相同，国债的增值原因刚才你说了，是借钱要付利息，那买张字画会增值又是为什么呢？"一仑爸

好像是在问自己一样。

"你知道齐白石吧？"

"是个著名的画家。"一仑在课堂上学到过。

"他有一幅画叫《花鸟四屏》，你知道卖到多少钱？"

"一幅画？几百吧？"一仑想起和老爸在古玩城买的一幅油画。

"呵呵，告诉你，可不要吓一跳呀，是 9200 万元。"

"9200 万元？"这个数字确实让一仑大吃一惊。

"是呀，齐白石画这幅画的时候一定没有想到能卖这么多钱。"

"老爸，你说这种字画为什么会这么贵？用你说的词，就是怎么能增值这么多？"

"这就是艺术品增值的特点了，就拿齐白石这幅画来说吧。第一，齐白石是个著名的画家，可他画的《花鸟四屏》就这么一幅，非常稀有，特别是齐白石逝世以后，更不可能有第二幅《花鸟四屏》出现，物以稀为贵，更不要说只有一幅了，当然会增值。第二，艺术品不像别的商品能明确估价，你说不好它到底值多少钱。一个画家不出名的时候画一幅画可能值几千元，等他出名了就值几万元——而如果是买衣服之类的商品，价格总是可以估计的。"

"我可不会花这么多钱买张画！"一仑还是觉得一幅画值几千万元太不可思议了。

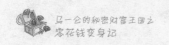

"呵呵，你当然不会去买了，不过总有人会投资的，我不是跟你说过了么，只要能增值的东西就会有人投资。甚至……"说到这儿，老爸的话停住了。

"甚至什么，老爸？"

"甚至违法的事也有人做，比如倒卖文物。"一仑爸不知道该不该让一仑知道这社会上有很多丑恶的东西。从小，他就被教育社会是多么美好，人们是多么互相帮助、互相爱护，等进入社会了才发现并非如此，中国的教育就是这样，总是想让孩子生活在童话王国里，等他们长大了，看到了很多丑恶的现象，心里便觉得难以接受，以前的"完美教育"便彻底失败。

"他们不怕受到法律的处罚吗？"一仑有点不理解。

"怕，当然怕，但这些人觉得自己做违法的事也不一定会被抓住。一仑，咱们中国有将近 14 亿人，这么多人各有各的性格、特点和家庭背景，他们的生活经历也不一样，这就使他们对人生的理解也不一样。有句话说'林子大了，什么鸟都有'，其实人也一样，世界大了，什么样的人都有。有的人为人和善，有的人则待人暴戾；有的人奉公守法，有的人则为非作歹……所以，你如果要和别人打交道，一定得弄清对方究竟是怎样的人。"

不知道为什么，本来是讲投资的，说着说着一仑爸开始跟孩子讲做人的道理了，可能是看着一仑一天天长大，

越来越像个男子汉了，是应该让他知道更多的社会现实。在这方面，一仑爸是得到过深刻教训的。他是农村的孩子，父母一辈子都是面朝黄土背朝天，没去过大城市，也不懂得如何教育孩子，一仑爸通过自己的努力考进了一所名校，毕业后很多事情都不懂，不知道如何与人交往，他就凭着顽强的毅力一点点摸索，一步步前进，终于也小有一番成就了。但也因为是靠自己摸索的，这中间走过很多的弯路，如果有谁能从旁指点他，或许现在会更成功，所以他很想把以前犯过的错误都告诉一仑，让他少走弯路。

"老爸，我觉得你讲的和我在课堂上学的不一样。"

"哪里不一样？"

"课本上没有告诉我们倒卖文物的事，也没有告诉我们有些人为非作歹！"这应该是一仑上的第一堂"社会课"吧。

一仑爸也不好说课本上讲的不对，他想了想说："一仑，课本上的知识是有限的，它总不能把所有的内容都记录下来吧？等你学完了课本，还需要再学习社会上的其他知识。"

一仑点点头，老爸说的社会上的知识究竟会是些什么？他期盼着自己赶快长大，能像爸爸一样上班工作。

每天进步 1%

说到一仑爸能有今天的成就，真的是他一点一滴努力的结果。一仑爸以前也很感慨，有的人只是因为家境好，不用怎么努力就能有好的工作、好的生活，可他却要如此辛苦地奋斗。但今天他再也不会这样想了，这么多年的经历告诉他，上天是公平的，奋斗虽然辛苦，但收获的滋味却格外甜美，而那些从小就生活在蜜罐中的人却逐渐品尝不出这份甜美了。

记得在上大学的时候，一仑爸曾创造了一周同时兼五份家教的纪录，他也在别人诧异的眼神中捡过饮料瓶、矿泉水瓶卖钱。一仑表哥虽然也非常独立，靠自己上完大学，但毕竟他家境还算可以，就算哪一天真的需要钱了，说一声父母就给了。但一仑爸不一样，他可是没有任何"支援"的，家里不仅给不了他钱，他还要经常补贴家用，这样艰苦

的环境磨炼了一仑爸,让他有了一颗坚强的心。现在就算遇到再大的困难,他都能平心静气地面对。一仑爸很希望自己的孩子也能吃苦耐劳,能坚强地面对挫折,所以从一开始,他就对一仑的零花钱严格控制,宁愿让他过得苦一点。

也正因为过去的这些经历,一仑爸从不讳言自己挣的钱并不多,同罗毛毛爸爸这些人有很大差距。他一直坚持,每个人出身不同,能力不同,互相攀比是最愚蠢的表现,只要尽全力去奋斗,认真过好每一天就足矣。

不过,很多人并不同意一仑爸的看法,其中就包括一仑妈。

# 回报最丰厚的投资

今天又有足球赛，一仑当然还是替补的位置，不过因为前段时间苦练球技，他终于有了说得过去的表现，得到了其他队员的认可。虽然一仑的"钟摆式"过人还是欠了点火候，但他自己还是挺满意的。

一仑回到家，痛痛快快地洗了个热水澡，爸爸妈妈还没回来，过了好一会儿，他们两人才进了房间，原来他们下班后去逛街了。

"老爸，又买书了？"

"是呀，老爸得加紧学习，现在知识更新换代的速度太快了。"

"这样一直学习，何时是个头呀？我还以为上完学就不用学了，要是这样那也太累了。"一仑一想到天天去上学就头疼，更不用说工作后还要看书了。

"活到老学到老嘛！"

"你老爸就只会看书，别听他的！"一仑妈老是唱反调。

"你老妈就是爱打击我，高尔基都说了：'书籍是人类

218

进步的阶梯',你呀,就是不追求进步!"一仑爸反驳道。

又是一阵唇枪舌剑,一仑只是暗暗地笑:"'老两口'怎么跟小孩子似的。"

今天的晚饭吃得很快,一仑妈在超市买了凉菜和主食,所以只开火熬了点粥。吃完后老爸就和一仑到书房聊天了。

一仑爸习惯性地在白板上写了一堆字,他本来就是想和一仑随便聊聊的,看来这又是一堂理财课了。

第11讲　回报最丰厚的投资

人与人的区别就在8小时外,最明智的投资是对自己的投资。

"一仑,我们行业中有一句话挺有名:'人与人的区别就在8小时外',你知道这句话的意思吗?"

"不知道,老爸。"

"因为现在一般都是 8 小时工作制,所以这 8 小时外指的是工作外的时间。"

"嗯。"

"每天大家上班都很忙,就像你们上课很忙一样,都是做一样的事,听一样的课,你说为什么有些人就做得好、成就高,而另外一些人则相反呢?"

"有人聪明有人笨呗。"在一仑的大脑里,他一直这样认为,学习好的就是脑袋聪明的。

"呵呵,你说得有道理,聪明人总是要比笨点的人占优势,可不全对,你要是看看那些工作好、学习成绩优秀的人在下班、下课后都做了些什么,你就明白了。"

"他们都做了什么呀?"

"'充电',就是不断学习,不断提升自己的能力。你看,老爸给你讲理财课,不就是一种充电吗? 当你的同学在玩游戏的时候,你已经学会了如何理财,是不是会更加优秀呀?"

这个问题一仑还真没想到过,确实有很多同学一下课就喜欢去网吧玩游戏,一仑的控制力其实也不行,只是因为他对游戏不感兴趣才不去玩的。从小他看到的就是老爸看书、看报的样子,所以一仑不自觉地也把读书当成了一种爱好——你要让他说读书多么好多么有意义,他也说不

出来,无非是习惯成自然了。听老爸这么一讲,一仑就明白了为什么学校举办辩论赛的时候大家会推选他做辩手了,可能就是平时的读书习惯让自己的大脑中存储了不少的信息。

"老爸,我明白你说的意思,就是鲁迅讲过的:'哪里有天才,我是把别人喝咖啡的工夫,都用在工作上。'"

"对,就是这个意思。凡是能增值的东西就会有人投资,可人们却常常忘了,人生也是会增值的,是最值得去投资的。"

"人生也会增值?"一仑好像有点不理解。

"嗯,还记得咱们讲过的一个等式吗?"一仑爸在白板上写下了"总收入"等式:

$$总收入 = 单位时间收入 × 工作时间$$

"提高'单位时间收入'就能提高'总收入',还记得吧?"

"老爸,这个我还有印象,你说'工作时间'基本上是不能延长了,因为一天就 24 小时,不可能变成 48 小时,所以要想多挣钱,就得提高这个'单位时间收入'。"

"可如何提高呢?"一仑爸问道。

"就是你说的'充电'吧。"一仑已经猜到老爸想表达

的意思。

"对。你只有不断提高自己的工作能力，创造出数量更多、质量更好的商品或服务，才能换取更高的待遇，也就是'单位时间收入'。这下你明白为什么有些人进步很快，有些人进步慢了吧？'功夫在诗外'呀！"

一仑点点头，他很认同老爸的说法。班上的王斌，学习成绩特别好，可大家也不觉得他有什么特别的地方，该学的时候学，该玩的时候玩，作业只是按时完成就行。后来一仑偶然间了解到王斌有个习惯：定期总结。每天晚上他会对一天的学习有总结，每周会有周总结，每个月又会有月总结，如果这期间有考试，他还会专门针对考试有个总结。总结的内容主要是学习中不懂的地方、失误的地方，特别是那些自认为很容易却做错的题，这样不断消灭"失分点"。所以大家都有这样的印象：王斌的成绩其实并不突出，但总是很稳定，而且一个学期下来名次不断往前提升——虽然幅度并不是很大。老爸说得对，人与人的区别就在 8 小时外，学生学习也是一样的道理。

"不仅在提高收入，平时多给自己'充电'，还能增强精神上的享受。"

"精神上的享受？"

"你老妈喜欢看话剧，就是一种精神享受呀！而她写稿子的能力、活动策划能力也从话剧中收益不少。"

"老爸,你说的'投资自己'确实有道理,我以后要多看点书。"

"嗯,不过不仅是多看书,还有其他方面也要加强。老爸总结成了三句话,第一句:学习是前进的力量;第二句:读万卷书行万里路;第三句:身体是革命的本钱。"

老爸善于把复杂问题简单化的特点又显示出来了。

"学习可不只是读书呀,向前辈请教也是学习。只要你认为有必要学习的,都可以认真虚心地学习,这是第一步。学习了很多理论知识,还要付诸实践,这叫'行万里路',多尝试,多交际,开阔自己的视野,这样学习过的知识才能转化成你自身的能力。还有最重要的一点:身体是革命的本钱,锻炼身体、保持健康这可是最明智的选择。还是那句老话'皮之不存,毛将焉附',健康是1,其他的都是0,有了健康, 你的人生就可以得10分,100分,1000分……没了健康,就剩下0了。"

想必正是一仑爸对健康的看重,才会让一仑每天坚持锻炼,弥补他从小体质弱的缺陷,也防止他看书过多不活动导致体质下降。

# 稳定持续的小进步

人们经常会说:"失败是成功之母",但失败同样会打击一个人,让他从此萎靡不振。在一仑遭受挫折时,老爸常常让他从失败中总结教训,而不是一直生活在懊恼中。

这天一仑一家到森林公园玩,里面有一个游戏项目叫"荡绳"。一条长长的绳子从上面垂下来,一个人抓住绳子,从沙坑这边荡到对面,千万不能掉到沙坑里,不然就算失败了。很多人都在玩,一仑也上前试了一把,可他不知道这个游戏看起来容易做起来难,他抓住绳子用力向对面荡,结果没有着陆好,脚软了一下,偏偏这时候手也没抓紧绳子,结果整个人硬生生地摔了个"狗啃屎"。一仑妈被突如其来的意外吓了一跳,赶紧去看他有没有受伤,一仑爸也赶紧跟了过去。

幸好下面堆了不少沙子,一仑伤得不重,只是擦破了点皮,一仑妈这才舒了一口气。一仑爸赶紧领一仑到有水的地方冲了冲伤口,然后揩干了水,贴上了创可贴——每次外出,一仑爸总是会带一点常用药品,防止有意外发生。

　　其实一仑自己并不觉得有什么，毕竟他只是个十几岁的孩子，身体柔韧性好着呢，摔一下也没什么，可他就是有点生气，觉得太丢人了，刚才一个小姑娘都荡过去了。老爸看出了一仑的心思，就让他坐在旁边的椅子上宽慰他。

　　"这可不像我们的男子汉呀，摔跤就怕了？"

"老爸,不是怕,是觉得太没面子了,刚才一个小姑娘都荡过去了。"

"那你知道自己为什么没荡过去吗?"

"为什么没荡过去?"一仝对老爸的提问一点准备也没有,他回想一下荡绳的过程,觉得可能是助跑时速度不够。

"是你手的力量没有使用好。"老爸解释道,"在荡的过程中,手一定要主动用力,特别是在着陆前,手要有一个往下拽绳的过程,借此给你身体一个向上的力,这样松手后人就会划一个弧线平稳着陆。你刚才手没用上劲,整个人就像被绳子'扔'出去一样,当然容易摔倒了。"

"原来是这样呀。"

"还有,摔一下跟有没有面子没有关系,只和你荡绳子的动作对不对有关系。摔一下没什么,但你要是不去想想为什么摔倒,以后还犯同样的错误,这才叫没面子。"

"嗯,老爸,我知道你的意思,失败并不可怕,但如果失败后觉得没面子,不去想为什么失败,自怨自艾,以后还犯同样的错误,那才是真正的失败。"一仝说得文绉绉的,这是因为他前天在书上看过类似的话,就直接引用了。

"还有,一仝,老爸要告诉你一个常识。"老爸带一仝走到他刚才摔倒的地方,接着说,"你看,刚才你摔倒后,立马就跳了起来,又想去荡绳子,这是非常不对的。但凡摔倒,倒地后一定要先尽量保持一种固定的姿势不动,如果你感

觉全身没有不太舒服的地方再慢慢站起来。要知道,摔倒后很容易产生骨折,如果你不先判明情况,一下子跳起来,很容易使骨折加重。还有,如果有伤口,一定要清洗,再贴个创可贴,防止感染。"

"老爸,你想得真周全。"

"还不是老爸以前犯过这样的错误,踢足球的时候狠狠倒在地上,没在意脚踝不舒服,立刻又站起来踢球,结果硬生生地骨折,休养了差不多三个月才恢复。当时老爸真是后悔,可也没办法,只能告诉自己'吃一堑,长一智',以后要多加注意。"

"嗯,老爸,我记得了,下次运动时一定小心点。"

"不只是运动这件事,其他的事也一样。做得不成功,失败了,不要怕丢面子,多想想自己哪里做得不对,慢慢地就会越来越成功,这样你就能保持一种稳定、持续的小进步。"

"老爸,你以前跟我说过学习也要保持稳定、持续的小进步,要是大进步不是更好吗?"

"哈哈,大进步当然好,但馒头是一口一口吃的,你只有一点点把基础夯实了,你的进步才能保持稳定、持续,日积月累,小进步就成了大进步。但如果你基础不牢,总是想用投机取巧的方法,虽然有时候看起来是进步很大,但基础不牢,成绩就容易波动。还有,你可不要小看'小进步',

我们工作上常说一句话，叫'每天进步 1%'，1%是很小，但威力却是持久、巨大的，就像银行借款中的'复利'一样。"

"老爸，你在讲高利贷的时候提到过复利，但当时你也没有详细讲，只是计算了一个数值，告诉我复利有多厉害。"

"那老爸就给你讲讲复利。"一仑爸捡了根细细的树枝，在地上写要讲的内容。

单利是指按照固定的本金计算的利息。

复利是指在每经过一个计息期后，都要将所生利息加入本金，形成新本金，以计算下一期的利息。

利息＝本金×利息率

"一仑，假如现在你向老爸借 100 元，这 100 元就叫'本金'，可借钱要付利息呀，利息是通过本金乘以利息率得出来的。现在老爸借给你钱的月利息率为 5%（也就是年利息率为 60%），那你一个月就要支付给老爸 100×5%＝5元的利息。"

"对，老爸，一个月支付给你 5 元利息，一年下来就是 60 元呢！"

"你说的是'单利'的计算方法，就是你借老爸的 100 元本金一直不变，每个计息期（这里设定的是 1 个月）一

次,只要按'利息＝本金×利息率'这个公式计算就行了,1个月利息是 5 元,1 年 12 个月,刚好 60 元。

"'复利'就不是这样了。在第 1 个月,利息是 5 元,到第 2 个月,我们要把在第 1 个月得到的利息加入本金中,形成第 2 个月的新本金,然后计算利息。"

"老爸,你的意思是我原来借 100 元,加 5 元就变成 105 元了?"

"对,所以按照复利计算,第 2 个月的利息变成 105×5%＝5.25 元。"老爸在地上给一仑演算。

"那第 3 个月呢?"一仑问。

"到了第 3 个月,新本金变成 105＋5.25＝110.25 元,利息就是 110.25×5%≈5.51 元。你看,利息是不是在一点点增加,就像我之前讲的高利贷一样。一仑,那你会算第 4 个月的利息吗?"

"我来试试,老爸。第 4 个月的新本金是 110.25＋5.51＝115.76 元,利息应该是 115.76×5%≈5.79 元。"

"聪明,一仑,为了加深你的印象,老爸把这两种利息的不同算法画个表格对比一下。"

表 13-1　单利与复利对照表

| 月　份 | 单利计算法 | | | 复利计算法 | | |
|---|---|---|---|---|---|---|
| | 本　金 | 利息率 | 利　息 | 本　金 | 利息率 | 利　息 |
| 1 | 100.00 | 5% | 5.00 | 100.00 | 5% | 5.00 |
| 2 | 100.00 | 5% | 5.00 | 105.00 | 5% | 5.25 |
| 3 | 100.00 | 5% | 5.00 | 110.25 | 5% | 5.51 |
| 4 | 100.00 | 5% | 5.00 | 115.76 | 5% | 5.79 |
| 5 | 100.00 | 5% | 5.00 | 121.55 | 5% | 6.08 |
| 6 | 100.00 | 5% | 5.00 | 127.63 | 5% | 6.38 |
| 合　计 | 100.00 | — | 30.00 | 100.00 | — | 34.01 |

"一仑,咱们刚才算复利会先算每个月的'新本金',这是为了计算利息方便,当你还钱的时候,比如你借了 6 个月,除了要还 6 个月的利息(总共是 34.01 元),还要还本金,就是你最初借老爸的那 100 元,可不要误解为要还'新本金'。咱们之前讲高利贷时不是有一个等式吗?那就是用来计算你要还多少钱的等式。"

一仑妈刚才看一仑爸带着孩子去冲伤口,可半天也不见人回来,她就拿着一家人的东西走了过去,却发现这两个人并排蹲着,不知道在干什么。走近一看,地上画了一大堆数字符号。

"一仑, 刚才咱们不是说要保持稳定、持续的小进步

吗？原因就在于稳定持续的小进步就是一种复利。我们说过投资自己是明智的选择，假设现在你的能力为100，你通过各种投资方法，保持自己的能力每天进步1%——这里你的能力就相当于本金，1%就相当于利息率——第1天进步1%能力就成了101，第二天再进步1%就成了102.01。你算一下，1年之后你的能力会提高多少？"

"老爸，我不太会算呀。"

"我也算不出来，呵呵，没关系，咱们有办法。"一仑爸掏出手机，打开计算器功能，开始计算这道算术题。

"算出来了，儿子！你先猜猜，现在你的能力是100，365天之后是多少？"

"每天进步1%，$100 \times 1\% = 1$，如果按单利的方法365天后能力就变成了$100 + 365 = 465$，但老爸是按复利公式算的，应该比这个数值高，我猜是1000左右。"

"嗯，一仑，你的思路不错，通过算单利来估计复利，不过数值小了点，一年后你的能力会变成3778——持续的小进步是多么厉害呀。"

"真的有这么大吗？"

"当然了，老爸是按照公式算的。你看，一个人不要说每天进步1%了，就是1个月进步1%都能够成为天才。"

"老爸，真没想到，你会把复利公式和人的进步联系在一起，太绝了。"

一仑爸有点得意："理财得活学活用，一仑，今天给你讲这些内容突然让老爸想到一个做计划的方法，就叫复利计划法。"

"复利计划法？"

"对。我把现在每月的读书量、每月的运动量等都设为100，然后目标设定为每月进步5%，每一年总结一次，调整一次，你觉得怎么样？"

"我觉得你们两个都快成理财迷了。"父子俩回头一看，一仑妈正提着大包小包瞪着他们呢！

# 14 老爸讲"智慧"

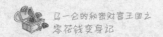

## "菜鸟"作家爸

$\qquad$最近一仑爸有些忙，他的小说拖了一个月终于完稿了，兴奋地向母子俩宣布："同志们，伟大的胜利终究是属于英勇的人民的，《第三现场》这个艰巨的任务终于被我拿下了。"

"《第三现场》？"母子俩只知道一仑爸在写侦探小说，并不知道书名是什么，所以不知道他说的是什么意思。

"就是我写的那本侦探小说。"

"真的完成了？足足都有一年了。"一仑妈感慨道。

"是呀，写东西可真不容易。整本小说虽然刚满20万字，写了整整一年。"

"老爸，你写的小说能火吗？"一仑有点怀疑老爸的写作能力。

"当然了，老爸的小说中有悬疑、穿越、枪战等精彩的

情节,再加上老爸优美的语言,不火才怪呢。"

"哈哈……你就别臭美了,还火呢,能卖出 100 本就算你有水平。"一仑妈更是不相信小说能火。

"你们呀,就是'有眼不识泰山',等我的小说大卖后看你们有什么话说。"

"老爸,你的小说要是能大卖,是不是能挣很多钱呀?"

"那当然了,因为有稿费嘛。"

"多吗?"

"这要看你和出版社是如何商量的,可以是千字稿酬制,也可以是版税制。你冀冬叔叔有位同学是出版社的,我想找机会去跟他说说这个事。"

"祝老爸出版小说成功,再挣很多的稿费。"一仑替老爸感到高兴,毕竟老爸几乎花费了他全部的业余时间写这部小说。

一仑妈也跟着说:"这样吧,等会儿去菜市场来个大采购,做一顿丰盛的晚餐,就当是庆功宴,祝贺我们的大作家小说顺利完稿。"

"好耶!"一仑高兴地跳了起来。

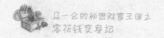
# 摔碎的鸡蛋

菜市场里人可真不少，吆喝声此起彼伏，荷叶鸡的香味让人直流口水，一仑他们正拿着袋子在选购晚上要用的菜。

"酸辣汤、荷叶鸡、蒜泥油麦菜、番茄鸡蛋、群英荟萃……"一仑妈对着单子核对还缺哪些食材。

"群英荟萃，这是什么菜？"一仑爸倒是在小品里听过这个菜名。

"老爸，这你都不知道？这是老妈自创的菜，就是把香菇丁、土豆丁、胡萝卜丁、青椒丁、肉丁放在一起炒，不仅营养好吃，而且五颜六色非常好看，所以叫群英荟萃。"

"你老妈还真有水平呀。"

"那当然了。"

说着，一仑他们来到了卖鸡蛋的地方。现在物价涨得快，一斤鸡蛋都快 5 元了。一位老大娘正在和小商贩讨价还价，她买了一袋鸡蛋，觉得应该再给她便宜点，小商贩经不起老大娘的软磨硬泡，便宜了 5 毛钱。

"5 毛钱还值得说这么长时间？"一仑不解地问老爸。

"老大娘出生的年代苦惯了,能省一点就会省一点。"

父子俩正说着呢,老大娘提着袋子往前走,脚下一滑,"扑通"一声摔倒在地上,鸡蛋全碎了。

"哎呀,老爸,你看!"一仑看到老大娘的鸡蛋碎了,真替她心疼。

老大娘无奈地再折回来,这次她只买了 4 斤鸡蛋,因为身上的钱已经不多了。

看着老大娘离去的身影,一仑心里挺不好受的。

"一仑,咱们还得买菜呢,走吧。"老爸拉着一仑继续买东西。

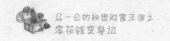

菜终于买齐了，一家人开始往回走。

"一仑，还记得那位老大娘吗？"老爸问一仑。

"记得，她肯定很伤心。"

"这让我想起理财投资中的一句话。"

"你怎么什么时候都能想到理财呀？"一仑妈对一仑爸的理财精神实在是佩服得有点无法忍受。

"因为我在投资上也犯过这样的错误。"一仑爸说。

"究竟是什么话呀，老爸？"

"不要把鸡蛋放在一个篮子里。"

一仑想了一会儿说："老爸，我知道你的意思，你是说把所有鸡蛋放在一个篮子里，如果篮子摔了鸡蛋就会全部碎掉。"

"一仑说得对，咱们之前说过理财投资，有股票、债券、期货、黄金、白银等，如果你把所有的钱都投资在一种理财产品上，比如股票，如果股票突然跌了，那你投资的钱可就全部泡汤了。"

"哪里有傻瓜会把钱全部投资到股票上？"一仑妈有点不能理解，"如果是我，肯定会买点股票，买点债券，再买点黄金什么的，这样就算股票跌了，说不定我的黄金还能挣钱呢。"

"是呀，老爸，我觉得老妈说得对，既然大家都知道'不要把鸡蛋放在一个篮子里'的道理，又怎么会做把钱全部

投资到股票上的事呢？"

"你们说得很有道理，但事实是很多人都会做出这样的事。你们肯定会问为什么，那是因为你们现在很理性，没有遇到让你们疯狂的事。"

"什么叫疯狂的事？"一仑问。

"比如股票一直涨、一直涨，你还会这样冷静吗？我给你们讲个故事，说的是 1929 年的美国经济危机。

"第一次世界大战结束后，欧洲各国经济遭到了严重的破坏，而美国因为远离战场外加大发战争财，经济开始快速发展。从 1920 年开始，美国的制造业飞速发展，像汽车制造等行业快速扩张，你们一定知道福特汽车这个名字吧，就是从这段时间开始发展壮大的。

"一仑，你还记得冀叔叔讲的股票知识吧？企业发展得好，大家都觉得有分红，于是很多人买股票，股票价格就上涨。那时候美国经济快速发展，全国一片欣欣向荣，股票是不停地涨、涨、涨，'谁想发财，就买股票'成了一句口头禅，今天还是一个穷光蛋，因为买股票，没过多久就发财了，你说这时候谁还能保持冷静？"

母子俩互相看了看，异口同声地说："估计我是保持不了冷静的。"

"是呀，那时候的人们像着了魔一样买股票，谁都想一夜暴富，早把那句'不要把鸡蛋放在一个篮子里'给忘了。

很多人把全部身家都投入其中，甚至不惜借钱买股票。大家都在做着发财的美梦，觉得一觉醒来身边就是无数的钱。但让这些人没有想到的是，1929 年 10 月 24 日一觉醒来，纽约证券交易所股票价格雪崩似的跌落，之后大家听到的词只有'狂跌'、'暴跌'，很多人一夜之间成了穷光蛋，甚至有人跳楼自杀，整个美国经济一下子萧条一片，很多人找不到工作，甚至连银行都开始倒闭，你说恐怖不恐怖？"

说到美国 1929 年的经济危机，一仑爸脸色有点沉重，凡是学理财的都知道这次危机的严重性。他在给客户做咨询时总是尽力告诫他们不要太想着赚钱，一定要分散投资——就是把钱投在不同的理财产品上，这样就不会出现一篮子的鸡蛋全碎掉的情况，但人们总是太想挣钱了，常常忘了他的善意提醒。

怎么又想到了这些不愉快的事？怪不得一仑也爱思考问题，看来是受他老爸的影响呀！

回到家，一仑帮着爸爸妈妈一起做饭，他负责洗菜、洗厨具，当然了，也负责吃。一仑爸打开电脑，接通音响，放起了舒缓的音乐——理查德·克莱德曼的钢琴曲。

大家一边吃饭一边聊天，一仑爸又接着说分散投资的话题。

"分散投资是一门非常深的学问，要想把握得好必须

多加实践。"一仑爸传授他的理财经验。

"一仑,如果你现在有100元,其中20元买股票、20元买国债、20元买基金、20元储蓄、20元买白银,这就是一种分散投资,就不会出现'孤注一掷'买股票结果全赔光的情况。"

一仑妈接过话说:"这有点像学习,如果把所有时间、精力都放在一门功课上,就会偏科,一旦你偏科的那一门考不好,整体成绩一定会非常糟。相反,如果每门功课都能有好的成绩,总分就会非常高,就算有一门发挥失常,总分也不会太低。"

"一仑,你老妈还挺会举一反三的。不过话又说回来,什么事情都是有利有弊,虽说我们把全部钱都投资股票可能血本无归,可一旦股票涨了,那我们也会赚很多。不去冒点险是很难挣到大钱的,虽然分散投资更安全一些,但也因此挣不到更多的钱。"

"老爸,按照你说的,到底该怎么做呀?是'孤注一掷'还是'分散投资'?"一仑只要听到老爸说"事情总是有利有弊"他就头疼,一件事有好的一面也有不好的一面,让他如何选择呢?

"选择是需要智慧的,这个需要阅历,需要在实践中一点点积累。"

晕倒,说了等于没说,一仑想起在梦中富兰克林教他

如何做出明智的判断可要比老爸强多了，至少不会只说一句"选择是需要智慧的"，谁知道智慧是什么玩意儿。

"老爸，你别说得这么神乎其神的，这智慧到底是什么？"

"智慧嘛，就是对事情有非常正确的认识，然后再结合自己的情况做出最佳判断。"

"不懂。"一仑摇摇头，表示理解不了老爸说的话。

"这样吧，先吃饭，等会儿老爸举个例子你就知道了。"

# 龟兔赛跑新解

吃过饭，老爸确实举了个例子要跟一仑说清楚什么是智慧，但让人想不到的是他举的例子竟然是老掉牙的《龟兔赛跑》。

《龟兔赛跑》的故事估计每个人都知道，无非是说兔子和乌龟赛跑，兔子嘲笑乌龟爬得慢，乌龟也不说什么就拼命地爬，兔子认为和乌龟比赛太容易赢了，于是就决定先睡一会儿，等醒来再跑也来得及，可不曾想到睡的时间有点长，一觉醒来，乌龟已经到达终点了。

"一仑，对这个故事有什么想法？"

"想法？故事说明只要坚持不懈，就一定能够达到目标，一旦骄傲轻敌，失败的一定是自己。"这可是标准的教科书式的答案。

"没有别的想法吗？"

"别的？"一仑小时候就听老师讲这个故事，不知道还有别的什么想法。

"一仑，你要知道，这是个寓言故事。什么是寓言，就是

为了说明某个道理而编造的故事，在现实中是不存在的，真实世界里乌龟怎么会跑过兔子呢？还有，龟兔赛跑没有说明是长跑比赛还是短跑比赛，如果是短跑，兔子睡了一会儿，乌龟可能就坚持爬到终点了。但如果是长跑马拉松，等兔子睡醒了，乌龟也只跑了一半，只要兔子拼命追肯定是能够率先到达终点的——你看，即使兔子骄傲轻敌、乌龟坚持不懈，但如果比赛距离足够长，乌龟也是超越不了兔子的，因为它们的实力差距太大了。一仑，你会不会跟一个专业拳击手比赛拳击？"

"当然不会了，我会被一拳打飞的。"

"如果这个拳击手很骄傲轻敌，赛前不好好准备，比赛时也是三心二意，甚至让你先出招，你敢和他比赛吗？"

"还是不敢，就算全场比赛他一下不动，只在最后一秒给我一拳，我也会被直接击倒在地。"

"说得很对，你不会与这个人比赛，因为你清楚对方的实力。再来看《龟兔赛跑》这个寓言故事，虽然'坚持不懈就能取得胜利，骄傲轻敌就会失败'这个道理是对的，但也得是在一定条件下才能成立。一个婴儿再坚持不懈也跑不过大人，对吧？乌龟能够胜利的真正原因是这样的：第一，兔子睡着了，乌龟一直在坚持不懈地爬；第二，比赛的距离比较短，兔子即使醒了去追也是追不上的，因为如果比赛距离很长，兔子醒了之后还是会追上的。如果你能想到这两

点,说明你才正确认识到了乌龟胜利的原因,才是一种智慧,否则你只是人云亦云而已。"

"可是老爸,你说的智慧真的对做出判断有帮助吗?"

"当然了。就拿我们的工作来说吧,有的人是负责销售的,有的人是负责咨询的,有的人是负责客服的。有个做咨询的同事看到做销售的人挣钱多,也风光,自己也想做销售。但我们觉得他做咨询更合适,销售不是他的长项,可惜他不听,他深信只要坚持不懈就一定能成功。问题是,和那些适合做销售的人相比,他的销售能力就好比乌龟,而那些人就是兔子,他一定是深信《龟兔赛跑》这个故事的。结果可想而知,这次'兔子'没有睡觉,就算偶尔睡了一会儿也不影响比赛结果,因为这不是百米赛跑,而是一年、两年甚至几十年的比赛。"

"老爸,我好像有点明白你的意思了。"一仑有了一种顿悟的感觉。

"现在你知道智慧是什么了吧?"老爸笑着说,"就是对一件事情多想想,把它彻底弄清楚,不要将一些似是而非的东西当成正确的。"

"嗯。"

"再来说说咱们的理财吧,吃饭的时候咱们说孤注一掷投资到股票上有利有弊,你说不知道如何选择了,为什么呢?因为没有想清楚。

"一仑,你说'利'是什么,'弊'又是什么?"

"我觉得'利'是如果股票价格涨了很多,因为钱全部投到股票上了,肯定能挣很多。"

"那'弊'是什么呢?"

"股票价格可能会跌,那样又会赔很多。"

"你已经说得很清楚了。接着想,什么情况下你会特别想挣很多的钱?"

"应该是缺钱的时候吧。"

"对,越是缺钱的时候越应该冒险去孤注一掷,这样才能改变缺钱的状况。相反,你现在不缺钱,为什么还要冒着赔本的危险去挣钱呢?你完全可以拿出一部分钱,不要太多,然后进行分散投资,通过实际操作去熟悉各种理财产品,提高财商,等你真的需要做大的投资时就会更有把握——你看,根据不同的情况做出最佳判断,这就是智慧。"

听老爸这么一说,好像智慧也不是太神秘。

回到房间,一仑突然有了一个新的想法,他想把之前老爸讲的所有关于理财方面的知识都整理出来,写成一小本《理财笔记》,可以经常看看,一定会有更大的收获。说干就干,一仑把理财课的笔记都拿了出来,又回想吃饭时、散步时老爸讲的理财内容——回忆不起来的就拿日记来参照,这样,一仑先写出了一个目录大纲,然后找时间一点点补充完整。

15 学会长大

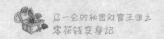
　　一仑爸去谈出版小说的事了，一仑依旧是按时上学、放学。

　　这周四晚上，一仑爸一进门就高兴地喊了起来："出版的事谈好了，我的小说能出版了！"

　　一仑妈从厨房走出来，看着他像孩子般的高兴样，也不禁笑了。一仑从自己的房间走出来，他倒是没有多大反应，因为在他心中，好像已经认定老爸写的小说一定能出版。

　　"淡定，淡定！"一仑学着老爸粗重低沉的口音表情严肃地说，"出本书都兴奋成这样，有失体统啊！"

　　"哈哈……瞧见没有，儿子开始管老爸了。"一仑妈跟着起哄。

　　"一仑，写你的作业去，别跟着瞎起哄。"老爸觉得要在儿子面前保住面子，"你们这是'白天不懂夜的黑'，你老爸我写本小说容易吗？这可是本侦探小说，为了设计里面的情节，我的脑细胞都死光了。"

一仑"扑哧"笑了："老爸，那我们等着你的书出来哦！你之前一直对我们保密小说内容，出了书我们可要先睹为快呀！"

"那当然了。"

热闹了一会儿，一家人一起到厨房弄晚饭，还是老规矩：一仑洗菜，老爸切菜，老妈做菜。

老爸一边切菜，一边聊开了："你们都看过《变形金刚3》了吗？"

"看过，老爸，我们几个好哥们儿一起去看的。"一仑他们同学经常会聚在一起玩。

"我可没你这么会享受，"老妈一边炒鸡蛋一边说，"我是网上在线看的，呵呵。"

"不知道内容好不好看，不过听说耗资都有 2 亿美元，那可是将近 13 亿人民币呀。"一仑爸说的时候有点感慨。

"老爸，你太落伍了，现在随便拍个电影哪个不用好几千万呢！"

"呵呵，老爸是有点落伍了。"一仑爸并不喜欢看电影，他更爱看书，所以他对电影的了解远远不及一仑母子俩。

"对了，一仑，学校有什么事吗？"

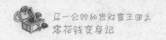

　　听老爸问学校的事，一仑的脸色瞬间有点不对劲，他低声嘟囔着："能有什么事，还不是听老师讲课，听完课写作业，有体育课就踢踢球。"

　　老妈正在炒菜，没有注意到一仑的表情变化，但一仑爸看到了，他知道学校又发生什么事了。

# 谁打碎了花瓶

　　一仑帮着把碗筷都摆好,就等最后一道菜出锅了。

　　"好了,西红柿牛腩来了!"老妈把"了"字拖了很长的音,像上菜的店小二。

　　吃了一会儿,老爸终于开口了。

　　"一仑,在学校是不是有什么不开心的事呀?"

　　"不开心的事?儿子,怎么了?"

　　一仑抿了抿嘴:"老爸老妈,其实也没什么,只是一件小事。"

　　一仑妈也看出来孩子有什么不开心的事,急忙问:"到底什么事呀?"

　　"没什么,和同学吵架了。"

　　在爸爸妈妈的催促下,一仑终于把今天在学校发生的事说了出来。

　　上午第三节课是音乐课,米老师带着大家一起唱歌,整个班的气氛异常活跃,到了下课的时候大家依旧沉浸在刚才欢快的气氛中。一仑和张谧在教室里玩,张谧开了一

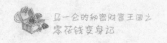
句玩笑，一仑假装生气，要抓住张谧。两个人就在教室里跑起来，可能是太兴奋了，谁也没有注意到教室最后放着的花瓶——那是学校为美化环境给每个教室配置的。

一仑一把抓住了张谧，两个人就疯打在一起，不知道是谁的胳膊碰到花瓶了，"啪"的一声，整个教室立刻安静下来——花瓶碎了。又不知道谁说了一声："马一仑把花瓶打碎了。"于是就有人跟着喊了起来。

一仑仔细回想，他确定自己的胳膊没有碰到花瓶，而且当他和张谧疯打在一起的时候，张谧正处在他和花瓶中间，一仑怎么可能隔着张谧去碰掉花瓶呢？

"到底是谁喊的我打碎了花瓶？"一仑真是怒火中烧。

班主任来了，看到教室后面打碎的花瓶，就问："谁干的？"

也许是受了刚才喊话的影响，大家说马一仑和张谧在教室后面玩闹，然后是马一仑把花瓶打碎了。

"马一仑、张谧，来一下我的办公室。"

20分钟后，一仑和张谧灰头土脸地回到了座位上，一声也不吭。后来才知道，班主任狠狠批评了他们俩，最后决定买花瓶的钱两个人各赔一半。

一仑不干了。他告诉班主任，花瓶不是他打碎的，班里喊他打碎花瓶的人冤枉了他。让他一个人赔偿都可以，再买个花瓶，但一定要洗刷他的"冤屈"。

但问题是，没有人能证明一仑是冤枉的，张谧也说不清楚到底是谁打碎了花瓶，因为他只记得当时和一仑扭到了一块儿，没有注意到花瓶是怎么掉在地上的。这样看来，班主任让他们俩各赔一半钱还是比较公正的。

但一仑怎么也不愿意接受班主任的方案，他觉得被冤枉了，心里有说不出的难过，眼泪都在眼眶中打转。但最终一仑也没有办法，虽然心里很不服、很委屈，也只能和张谧回到教室继续上课。

一仑和张谧关系很好，他没有怪张谧，因为当时两个人确实扭在一起，虽然一仑能确认自己没有碰到花瓶，但张谧也没有说谎，他真的没注意到谁碰掉了花瓶。一仑只是觉得委屈，男子汉大丈夫，要敢做也敢当，但自己没做的事当然不能"当"了。

听一仑讲完学校发生的事，爸爸妈妈没有立刻说话，他们对视了一下，用眼神商量由一仑爸来说——他们知道教育孩子只能由一个人做主导，不能两个人一起说，唧唧喳喳会让孩子听得不耐烦。

"一仑，班主任让你们一人赔一半，你为什么不愿意接受，难道不比你一个人赔划算吗？"

一仑脸色沉了下来，他觉得老爸根本就不了解他。

"我不在乎钱！大不了少吃点零食、少参加一次好哥们儿聚会。如果我接受了班主任的赔偿方案，那就是默认我

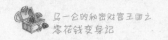

有一半打碎花瓶的可能。再说了,班上已经有人喊是我打碎了花瓶,如果班主任不为我澄清,虽然我和张谧各赔了一半,但我仍旧是被怀疑的对象。"

"看来你很在意你的名誉呀,一仑。"老爸感慨道。

"那当然了。"

"一仑,老爸很佩服你。"

"佩服我?"一仑有点惊奇。

"是呀!敢于为自己的名誉进行辩白,而不是在意谁赔偿得多谁赔偿得少,说明在你心里,钱并不是最重要的,在为自己的荣誉而战时你会不在乎钱!"

"老爸,谢谢你,可我还是证明不了花瓶不是我打碎的。"

"不要再想这件事了,班上的同学说是你打碎的,你不要去理会就行了。你已经做出了努力,既然改变不了结果,就接受吧。再说了,你们班主任是让你们各承担 50% 的责任,他也没有说一定是你打碎的,这说明他没有听信班上人喊的话。"

"嗯。"听到老爸的解释,一仑又露出了笑容,"我知道了,老爸。"

人就是这样,生气的时候、郁闷的时候如果有人能开导一下,心情就会豁然开朗。

一仑下楼去了,他说要去给吴飞送本书。

"一仑长大了。"老爸帮着收拾碗筷。

"什么？"一仑妈没有听清楚。

"我说一仑长大了。"

"嗯,他是长大了,咱们的儿子都知道保护自己的名誉了。"孩子是妈妈心头的一块肉,一仑妈又怎么会不知道一仑在一天天长大。

"是呀,也越来越倔强了。老是有无数的鬼点子,我的话有时候也不听了。"

"呵呵,失落了？"

"当然了。不过也没办法,孩子总是要长大的,我又照顾不了他一辈子。"

"一仑去给吴飞送什么书了？"

"作文书。郭磊那小子以前不是办过培训班吗？他现在找到了工作,培训班以后不会再办了,但他心肠好,觉得在他班上学习过的孩子有一些作文水平还没有很大的提高。他把编写的作文教材又改写了一下,听说是自己花钱印了100份,给他教过的学生每人寄了一本。"

"这孩子还真不错。"

"是呀,这孩了还很有心,那些报名的孩子都留有邮寄地址,估计他早就想到工作后培训班再办不了了,要给孩子们寄点材料帮他们继续提高作文水平。"一仑爸说。

"那些孩子一定会非常开心的。"

"这都是一仑跟我说的。吴飞在暑假的时候听过郭磊的作文辅导,但没有正式报名,所以郭磊没有他的地址,就委托一仑送给吴飞一本。"一仑爸解释道,"这孩子小时候吃苦太多,所以总希望能帮到别的孩子。"

"还不是和你一样,总是想给别人讲理财,劝别人理性投资,希望大家都能多挣钱,少赔钱。"一仑妈说。

"呵呵,还是你理解我呀。"

"对了,你的小说,出版社具体是怎么说的?"

"说先印上5000册看看销售情况,好的话再加印。"一仑爸喝了口水,"版税按7%算。"

"只要能出版就行,咱们又不缺钱,你的心愿总算能完成了!"

一仑爸点点头,他觉得妻子还是了解他的。写书是一仑爸初中时就有的愿望,今天终于得偿所愿了。

# 不幸的消息

真是奇怪，按说这个时候爸爸妈妈该下班了，可一仑已经等了一个小时了，还是不见他们的人影。

晚上 11 点的时候，爸爸妈妈才回到家。一仑已经睡着了，他被外面的声响惊醒，爬起来瞅了瞅，看到爸爸妈妈一脸倦容地坐在沙发上。

"爸爸妈妈，怎么了？"一仑走出了房间。

"一仑，"老妈突然哽咽了起来，过了好大一会儿她才稳定住自己的情绪，"你姥姥去世了。"

"什么？"一仑的睡意立刻荡然无存。

"你姥姥去世了。"一仑爸又重复了一遍，"快下班的时候，姥爷打来电话，说姥姥心肌梗塞，送到医院了。我们赶过去的时候医生正在做手术，我们等了两个小时，可终究还是没有抢救过来。"

一仑一下就蒙了，他心里真有说不出的滋味，像是刀绞一般。姥姥不和他们住在一起，所以他不是常常能见到姥姥，只是每隔一段时间，爸爸妈妈会带着他去看望姥姥。

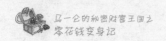

一仑最喜欢吃姥姥做的米饭,又香又软。姥姥从来不用电饭锅做,用的是传统的方法:铝锅闷。就算没有菜,一仑也能吃两大碗姥姥做的白米饭。

一仑有点不能相信,怎么上个月才见过姥姥,说生病就生病,然后就抢救不过来了? 他当然不知道心肌梗塞这种病发作起来是非常可怕的。

"一仑,爸爸妈妈请了假,去料理姥姥的后事,你还要去上学的。"

一仑没有说话,默默地走回了房间。

其实,这时候最伤心的是一仑妈,毕竟那是她的妈妈,她们一起生活了 20 年, 而一仑和姥姥在一起的日子却屈指可数。但一仑妈不能表现得太悲伤了,这样只会让一仑伤心,会给一仑留下很深的阴影。

一仑坐在写字桌前,闭着眼睛,他还在确认自己是不是在做梦,但没有用,周围的情况他已经感觉不到了,只有痛苦的感觉围绕着他。他突然想到,既然姥姥会老、会生病,是不是有一天爸爸妈妈也会这样?

桌角上扔着一枚 1 元钱的硬币, 一仑睁开眼睛看到了它。

"罗毛毛说'钱是万能的','有钱可以买到你想要的任何东西'," 一仑自言自语地说,"可它能让我再看看姥姥吗? "

一仑狠狠踹了一脚"百宝箱"。他挪到床上,重重地倒下去,眼眶中的泪水慢慢流了出来。

第二天早晨。

"爸妈,我跟班主任打过电话了,请了两天假,我想帮你们做点事。"

"小孩子凑什么热闹。"一仑不知道大人都不愿意让小孩儿接触丧葬方面的事。

"爸爸妈妈,我都是大人了,你们不用担心我。再说我假都已经请过了,你们总不能让我一个人待在家里吧?"

"不行,你就一个人待在家里吧。"老爸坚持不让一仑参与这些事。

"老爸,求求你们了,带上我吧,姥姥肯定想看见我的。"

老爸还想拒绝一仑,可一仑最后的那句"姥姥肯定想看见我的"触动了他,他默默地点了一下头,一仑知道老爸同意了。

接下来的日子里,一仑跟着爸爸妈妈忙里忙外,他看见姥姥生前的战友、同事来参加她的告别仪式,听他们讲姥姥以前的事……

一个月后。

生活又恢复了往日的节奏,一仑的爸妈逐渐从悲痛的情绪中走了出来,一仑终于也接受了姥姥离开他们的事实。

　　这周六,一仑一家人来到郊外,他们想出来散散心,毕竟过去一个月压力太大了。

　　"一仑,帮爸爸把帐篷打开。"

　　很快,一个简易的帐篷支了起来,地上铺了一张桌布,上面放了些吃的。

　　"一仑,把你妈叫过来,大家都坐下来。"

　　一仑爸打开了水果罐头,先吃了一块,一仑和老妈也吃了点薯片。

　　"一仑,你比我和你妈想象的要坚强多了。"

　　"老爸,我一向很坚强的。我们老师说过,'大人总是会小看孩子'。"

　　"是啊,老爸承认小看你了。其实爸爸像你这么大的时候已经很独立了,那时候你爷爷很多事都敢放手让我干,反倒是我对你还是一万个不放心。"

　　一仑妈递给父子俩一人一根香蕉:"别光说,吃点东西。"

　　一仑吃了一根香蕉,又接着说:"老妈,那天看到很多人来送姥姥,我觉得姥姥一定是个非常好的人,才有那么多人记着她。"

　　"是啊,你姥姥曾帮助过不少人。一仑,你还记得那个穿红色衣服的阿姨吗?"

　　"孙梅阿姨?"

"对,就是她。你知道她和姥姥是什么关系吗？"

"不知道。"

"姥姥资助她上学,从小学一直到大学,后来你孙阿姨成了一家企业的老总,总想着要报答姥姥,可姥姥说：'如果你真想报答我,就也去资助几个穷困孩子上学吧。'还有那个李叔叔,是姥姥的学生,现在是清华大学教授。你知道吗？他年轻的时候因为挫折差点没勇气活下去,是姥姥帮他克服了困难,战胜了自己。"

"妈妈,原来姥姥身上还有这么多故事。"

"是呀,别看姥姥平时什么都不说,生活也过得很简朴,可她厉害着呢。如果她想去国外旅游,只要打声招呼,她的学生立刻会给她安排好,而且一分钱也不用花,可姥姥没有这样做。在别人

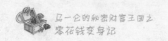

看来,她很傻,不知道利用关系多挣点钱留给孩子花,你知道姥姥怎么说吗?"

一仑摇摇头。

"姥姥说:'儿孙自有儿孙福,莫为儿孙做马牛。你做得越多,孩子以后越软弱,越没有能力。让孩子自己去奋斗吧,这样他才会过得踏实。'老妈刚开始也不理解,一直怪她,要是她能给我留些钱,我也不用和你老爸这么艰难地去挣钱买房了。"

"老妈,你现在还怪姥姥吗?"

"早就不怪了。一仑,姥姥是对的。"说完,一仑妈的目光望向了远方,她一定是经历了许多磨炼才终于明白妈妈说的话。

"老妈,你在想什么?"

"哦,想你姥姥呢。"

一仑也不再去打扰妈妈,他跟爸爸说了一声,钻进了帐篷,可能是有点累了,不一会儿,一仑就睡着了。

16 又是一梦

一仑钻进帐篷里,很快就睡着了。

"这是哪里呀?"一仑感觉自己来到一个很陌生的地方。

"你好呀,马一仑!"

"是谁在说话?"一仑左右看了看,奇怪怎么会有人知道他的名字。

"是我呀,不记得了?"一个衣服上印着笑脸的人从角落里走了出来。

一仑觉得这个人很面熟,可就是想不起来。

"对不起,叔叔,我想不起你的名字了。"

"呵呵,梦里的东西当然容易忘掉了。一仑,你还记得智慧国吗?"

"智慧国?"一仑好像想起了什么。

"是呀,你有次做梦来到智慧国,我还带着你四处游览。"

"噢,我想起来了,你是米利亚总督?"

"是呀。"总督很高兴一仑认出了他,"一仑,你又看什么童话故事了,不然怎么又做梦来到我们智慧国了。"

一仑摇摇头,他也不知道为什么又梦到了智慧国。

"总督大人,我姥姥去世了,我心情不好,你能带着我随便走走,陪我说说话吗?"

"那我们就去展览馆看看吧。"

米利亚总督和一仑并排着慢慢往前走,不久就来到一座像宫殿一样的建筑前。总督和一仑走了进去,像进入了迷宫,左转右转,终于来到一扇大门前,只见门上的匾额写着"人生展览馆"五个字。

总督回头对一仑说:"一仑,这个地方可不是谁都能来的,如果不知道路线,会被困在迷宫中的。"

总督和一仑穿过这道门,再向右转,进入了一个长长的隧道。这隧道就像平时的地铁隧道,只靠微弱的灯光照明,一仑感觉空间有点让人窒息。

"这是什么破地方呀?"一仑心情不好,不由暗暗骂道。足足走了有10分钟,他们终于来到隧道的尽头。出口有很强的亮光,一仑跟着米利亚总督从洞口走出去,来到了一个只有在电影中才能看到的美丽国度。一仑正要走过去,总督赶快拉住了他:"一仑,危险!"

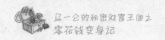

# 人生展览馆

一仑被米利亚总督拉住，有点不高兴了。

"总督大人，你怎么不让我走过去呀？"

"一仑，咱们现在已经站在看台上了，再往前面走就会掉下去的。"

"掉下去？可我看到前面明明有路，而且可以通向那座美丽的村庄。"

"一仑，你所看到的都是展览馆制作的特效。我们可以根据不同的需要创造不同的村庄、城市，但这些都是假的。这有点像你们看的电影《变形金刚》，虽然变形金刚在电影里又打又杀，像真的一样，但他们其实是不存在的，只是一种视觉效果。"

"你是说我们眼前所看到的美丽村庄、山川河流都是制作出来的视觉效果？"

"对。你刚才看到的只是幻象。我们这个展览馆就是把你幻想的东西展现出来，而且你只需要想象一个开头，接下来的故事就会像真实生活一样自动演绎下去，所以叫人

生展览馆。"

"可总督大人,你为什么让我参观这个呢?"

"你没有想要看的东西吗?我可以用特效给你做出来!"

一仑这才明白了总督的意思:"谢谢你了,总督大人,你一定知道我想看什么吧?"

总督点点头,他沿着看台往右手边走了几步,按了一下按钮,眼前的美丽国度全消失了,只剩下空洞洞有 4 层楼高的半球形礼堂,一仑和总督就站在三层高的一个小看台上。

"一仑,我数 1、2、3,你就在大脑里幻想一下想看到的情景。"

总督开始数数:"1——2——3——"

"轰",眼前出现的是一仑和爸爸妈妈郊游的地方,他们正坐在桌布上吃东西呢。正吃着呢,姥姥不知从哪个地方走过来,对着一仑说:"宝贝,在吃什么呢?"

一仑说:"姥姥,我吃的是薯片。"

"好吃吗?"

"好吃,姥姥,你也来吃点。"

"呵呵,乖孩子,姥姥不吃,你吃吧,看姥姥给你带来了什么?"

一仑看看姥姥的手里,说:"姥姥,什么也没有呀?"

"你再仔细看看。"

奇怪，刚才还没有东西呢，等一仑仔细一看，原来是个大盆子，上面盖了个圆盖子，还冒着热气呢。

"这是什么呀，姥姥？"一仑问。

"当当当当，见证奇迹的时刻到了。"姥姥打开了盖子。

"是白米饭！"一仑高兴地跳了起来，上前就用手抓了一把往嘴里塞。

"爸爸妈妈，快来吃姥姥做的米饭。"一仑连忙喊道。

"瞧你高兴的，慢点吃，别呛着。"一仑妈朝着一仑喊。

看台上的一仑看着正在吃米饭的一仑，他问自己，这是在做梦吗？怎么像真的一样？

"一仑，来姥姥这里。"

一仑向姥姥走过去。

"姥姥，你去哪儿了，怎么这段时间都没有见到你呀？"

"我没去哪儿呀？我不是一直在你这儿吗？"

"一直在我这儿？"

"是呀，一仑，你想姥姥的时候，姥姥不就出现在你的眼前了吗？"

"总督大人，姥姥为什么说只要我想见她她就会在我眼前了？"

总督关闭了当前的人生展览，然后对一仑说："一个人，无论是他的音容笑貌还是他的性格爱好，都储存在你的记忆当中。即使他已经不在这个世界上了,可你对他的记忆依然存在,所以他就一直活在你的大脑里,当你想见他的时候他就会出现。一仑,你能明白我的意思吗?"

"我明白,总督大人。"一仑点点头,"我能不能再看一个。"

"当然了,还是老规矩,我数 1、2、3,你就开始想。"

总督又开始数数了:"1——2——3——"

"轰",这好像是一仑家,客厅里坐着两个人,躬着腰,看样子已经有 70 多岁了。

"砰砰砰",有人敲门。

沙发上的老头慢慢站起来,吃力地走过去,从猫眼里看了看,立刻露出了笑容,他一边开门一边对沙发上坐着的老太太说:"老婆子,快起来,是咱们的儿子来了。"

门开了,一个 40 多岁的男人走了进来,后面跟着他的老婆还有女儿。

"爸、妈,我们来看你了。"那个 40 多岁的男人把带的东西放在桌子上,朝身后望了望,"快叫爷爷、奶奶。"

那个羞怯的小姑娘低声地说:"爷爷奶奶好。"

"好好好。"老头和老太太都高兴地笑了起来。

老太太站了起来:"你们聊着,我去给你们做饭。"

"妈,你就别忙了,快歇着,让你儿媳妇去做。"一仑看了看身边的妻子,"明霞,这顿饭你来做吧。"

"行，没问题，你们爷俩很长时间没见了，多聊会儿。"

一仑让女儿坐过来，和奶奶一起玩，他和老爸聊了起来，聊的是什么，好像也听不清楚，不过爷俩聊得很开心。

不一会儿，菜都做好了，一大家子人开开心心吃了顿团圆饭。

"爸，我们得走了，你们二老要保重身体呀！"

"放心，我们身体还硬朗着呢！你们安心工作就行，也不要老是来看我们。"

一仑一家离开了。

老头和老太太来到阳台往下看，可这里是10楼，下面什么也看不到，但他们还是往下看，迟迟不愿离开，泪水慢慢地流出了眼眶。

总督大人关掉了开头，领着一仑离开了人生展览馆。他们坐上了马车，不停地赶路，很快来到了巴拿城见到了国王。

"尊敬的国王，我给您带来了一位老朋友。"

国王正和大臣们讨论国事呢，听到米利亚总督报告就抬起头："啊，是一仑呀，好久不见了！"

"尊敬的国王，一仑这次做梦又来到了智慧国，因为他遇到了很伤心的事，所以我擅自做主让他参观了'人生展览馆'。"

"这有什么关系呢，连我们智慧国都是一仑的一个梦，何况参观一下'人生展览馆'呢！你带一仑下去休息一下，我们还要讨论一些事情呢。"

总督大人带着一仑走出了宫殿，向广场东边走去。当走到广场中央的时候，一仑突然站在原地动不了了。

"一仑?！"总督大人上前叫一仑，可他还是没反应。米利亚总督走上前对着他的耳朵喊："一仑！"又使劲地摇一

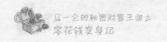

仑的胳膊。

"醒醒！"一仑爸喊道。

一仑睁开了眼睛，看到爸爸正在摇他的胳膊。

"一仑，天色不早了，我们该回家了。你睡得可真够死的，叫你几声都没有叫醒。"

"噢！"一仑回应道。

于是，他就跟着爸爸妈妈回家了。

# 一仑的决定

时间在一天天过去，一仑也在慢慢长大。

多年后。

"一仑，我是吴飞呀！"

"是你小子呀？"能听到老朋友的声音，一仑真是激动。

"听说你考上复旦大学了？"

"你消息挺灵通的嘛！"

"那当然了，自从我们一家移居到杭州，好久都没联系了，不过咱们很快就又能见面了。"

"你要回来？"

"不是，我也考上了上海的一所大学，到时候找你可就方便多了。好了，先不说了，上海见！"

真没想到会和吴飞以这样的方式再见面。

一仑又要整理房间了，不过这一次是要收拾行李出远门，去一个十分遥远的城市。他打开伴随自己十多年的"百宝箱"，里面有个本子，记录着他银行卡上的存款。他还

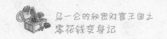

记得老爸讲的 10%存钱法,从那以后,他一直坚持定期存零花钱,从来没有中断过。到现在,本子上记的存款额是 15000 元。就要上大学了,这笔钱如何用呢?那天晚上,一仑做了一个决定。

1. 给老爸老妈买一份健康保险。
2. 投资一只股票,开始炒股实践。
3. 投资一定数量的黄金、白银。
4. 购买一定数量的国债。
5. 资助一名小学贫困生。

存款的用途

这是一仑在进入大学校门前做出的决定。

大学的时光过得飞快,又到了一年中秋节的时候,一仑从学校回到了老家。爸爸妈妈知道他要回来,一大早去菜市场买菜,要给一仑做好吃的。

中午的时候,一仑赶到家里,一进门就闻到了扑鼻的香气。

"都是好吃的,让我来看看:群英荟萃、酸辣汤、荷叶鸡、蒜泥油麦菜、番茄鸡蛋,还有饺子。老爸、老妈,你们这是存心想让我吃撑吧?哈哈……"

"你这小子,快吃吧!"

"老爸,我有个想法,不知道可行不可行。"

"什么呀?"

"你不是认识出版社的人吗?"

"嗯。"一仑爸点点头。

"我想把表哥写的那本作文教材出版了。"

"你跟表哥说过吗?"

"说过了,现在市场上的作文教材质量太差了,误人子弟,我觉得表哥的那本书含金量特别高,所以想出版它,应该会对写作文有困难的人有帮助。"

"好,老爸支持你,等有时间了我去帮你问问。"

"你们俩不要光顾着说,都多吃点。"一仑妈怕饭菜凉了。

"老爸,你的那本侦探小说真不赖呀,都好几年了还挺畅销,我买了本第三版的,你看。"一仑走进房间,立刻又走出来,手里多了一本书。

"呵呵,老爸又改动了不少内容,现在第三本小说也快要出版了。"

"真的？"

"那当然了。"

"还是侦探小说吗？"

"嗯。书名叫《午夜出击》。"

回到房间，一仑躺在床上考虑出版表哥作文书的事，桌子上还有一颗他小时候玩的玻璃球。一仑突然有个想法，以前老爸给他讲过很多理财知识，而现在很多孩子都是独生子女，比较娇惯，不知道如何花钱，何不写本如何挣钱、花钱的书？

说起来容易，可如何下笔呢？

一仑看着桌上的玻璃球，慢慢陷入了沉思。

过完中秋节，一仑又回到了学校，除了上课和到图书馆看书，他还利用课余时间打工挣钱，靠自己的力量完成学业，当然，在休息的时候他还会构思那本讲如何挣钱与花钱的理财书。

这天，一仑做家教回来，路过东方明珠，就顺便去观赏一下。他来到东方明珠塔上，向远处望去，远处高楼林立，偶尔还能看到几只鸟在中间飞来飞去。太阳正在慢慢地往下落，映出一片红色的晚霞，真的很美。

一仑突然知道该如何写这本理财书了，开头是这样的：

# 第一堂理财课

10楼，阳台。

一缕夕阳映在马一仑老爸的脸上，他放下手中的报纸，伸了伸懒腰，拿起茶杯，细细地品了一口刚泡的铁观音茶。

······

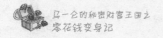
# 附录

## 一、基本概念

**收入**：某一个个人或者企业通过提供商品或服务而获得的报酬。

**支出**：某一个个人或者企业在消费、投资过程中花掉的钱。

**理财等式**：本书中提到的一个简单的等式——收入 − 支出 = 余额。当收入 < 支出，余额为负，将会出现经济困难；当收入 > 支出，余额为正，表示经济富余。

**总收入**：一个人能够获得的所有收入。总收入 = 单位时间收入 × 工作时间。想要提高总收入，一可提高单位时间收入；二可增加工作时间。

**10%存钱法**：将每个月收入（零花钱）的 10% 存起来。

**收支表**：记录日常收入、开支明细的表格，目的是让财务状况更加明晰，便于统计、查询。

**预算**：一段时间内对如何挣钱、如何花钱所做的规划。

## 二、生活常识

购买力:一定数量的货币可以买到的商品或服务的数量。如 12 元钱的购买力是可以买到 3 斤苹果或 1 个文具盒。

反季节购买:多数商品都有销售淡季和旺季之分,选择在淡季时购买某种商品,价格通常会低一些,这叫做反季节购买。如在夏季购买冬季的衣服。

延迟购物:所谓延迟,通俗地讲就是"忍耐"。就是说我们在买东西时,特别是要买那些价格较高但又不是急需的商品时,尽量不要当场做决定,而是忍耐一下,"拖"上一段时间(如几个星期或几个月),等商品价格回落到合适的价位或确有必要购买时再来选购,这样可以最大程度地避免冲动购物。

买卖二手货:二手货是相对新品的一个概念,一般指使用过的商品。没使用过但已售出的商品也可以称为二手货,一般价格低廉而且质量较好。购买、销售这一类商品的就称为买卖二手货。

团购:团体购物的简称,是相对个人消费而言的另一种购物模式。指大量认识或不认识的消费者联合起来,一起去购买同一种商品或服务,这样就可以把价格降到

最低。目前在中国团购的主要方式是网络团购。

生产者：是指通过生产或提供某种商品或服务并获得收入的人。

消费者：是指通过支付一定费用来消费某种商品或服务的人。

超前消费：是指超出自己现有收入水平而消费的行为，通俗地说就是今天花明天的钱。如贷款买车、买房就是典型的超前消费。因为贷款消费需要支付利息，所以过度地超前消费会给家庭和个人带来沉重的压力。

效用：消费者通过消费商品或服务而得到的满足感。满足感越高，此种商品或服务的效用越大。

## 三、理财术语

本金：存入银行或贷给他人以产生利息的钱。

利息：向银行或他人借钱时需要支付一定的报酬，这笔钱就是利息。如我们把钱存在银行相当于银行借了我们的钱，所以要支付利息。

单利：指按照固定的本金计算的利息。利息 = 本金 × 利息率。

复利：指在每经过一个计算利息的时间之后，都要将所产生的利息加入本金，形成新本金，以计算下一个时间段的利息。也就是俗称的"利滚利"。

借款:拥有钱的人把钱借给需要钱的人,到期需要收回本金与利息,称为借款。

贷款:需要钱的人向拥有钱的人借钱,到期需要支付本金与利息,称为贷款。

高利贷:指利息要求特别高的贷款,而且利息常常采用复利的计算方法。

信用卡:由银行或信用卡公司发放的一种卡,持卡人在消费时不需要支付现金,只需刷卡即可,而且可以透支(即借钱消费),但需要在规定期限内及时还款,否则会向持卡人收取较高的利息。

投资:通过投入一定数额的资金而期望在未来获得更多的钱。通俗地说就是拿钱去赚钱。

分散投资:投资时要把钱分散投到多个项目上,这样可以降低风险。如果把所有钱投到一个项目上,一旦这个项目出问题就会损失惨重。

增值:本书中特指投资理财中的一个概念,如投资100元炒股,最后股票市值涨到200元,原本较少的钱在数量上有所增加,这就是增值。

贬值:与增值是一对相反的概念,如投资100元炒股,最后股票市值跌到50元,原本较多的钱在数量上有所减

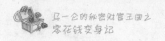
少,这就是贬值。

相对贬值:货币数量增加但购买力却没有相应提高甚至降低。如投资 100 元,过一年后变成 150 元,表面看起来好像增值了,但一年前只需 100 元就能买到的衣服,现在要 160 元,用 150 元买不起了,这就是相对贬值。

绝对贬值:本书中指货币数量的减少,与"贬值"这一概念意义相同。

## 四、理财工具

理财工具:在投资理财过程中所运用的各种手段的总称,如股票、基金、债券、储蓄、期货等。

股票:一家公司在筹集钱开公司的时候向出资人发行的凭证,代表持有的人对公司拥有一定的所有权,而且可以获得一定的股息收入。

分红:股份公司在赢利中每年按股票份额的一定比例支付给投资人的红利。

基金:基金就是汇集众多小的、分散的投资者的资金,形成数量较大的一笔钱,然后委托专业的投资专家去投资,获得利润后再分给众多小的投资者。

债券:债券是一种表明债权债务关系的凭证,证明持有人有按照约定条件向发行人取得本金和利息的权利。如国债就是常见的一种债券。

**国债**：国家以其信用为基础，向老百姓借钱，到期还回所借的钱以及利息的方式。由于国债的发行主体是国家，所以它具有最高的信用度，被公认为是最安全的投资工具。

**期货**：我们通常的消费是一手交钱一手交货，但期货却是先交钱，过一段时间交货。因为交钱与交货间隔较长的时间，物价较有可能出现大的波动，这就为投资提供了可能。如果在年初预计到年末铜会涨价，一家企业就以60000元买了一吨铜期货，到了年末，铜涨到了65000元一吨，但因为这家企业年初已经购买了期货，所以仍旧可以以60000元的价格拿到铜，相当于比别人便宜了5000元。反过来，如果铜价没有涨，而是跌到了55000元一吨，那该企业就比别人买贵了。

**保险**：需要保险的人支付一定的钱给保险公司，保险公司承诺在合同约定的可能发生的事故发生而造成财产损失时，对于投保险的人给予一定的补偿。

**图书在版编目（CIP）数据**

马一仑的秘密财富王国之零花钱变身记/察渊著.
—杭州：浙江少年儿童出版社，2012.8
　（小蓝狮子·少儿财经）
ISBN 978-7-5342-6954-7

Ⅰ.①马…　Ⅱ.①察…　Ⅲ.①家庭管理-财务管
理-青年读物②家庭管理-财务管理-少年读物　Ⅳ.①
TS976.15-49

中国版本图书馆 CIP 数据核字（2012）第 087982 号


策　　划　蓝狮子财经出版中心
责任编辑　金晓蕾
封面设计　赵　琳　徐田宝
版式设计　奇文云海
责任校对　苏足其
责任印制　阙　云

小蓝狮子·少儿财经

# 马一仑的秘密财富王国之零花钱变身记

察　渊　著

浙江少年儿童出版社出版发行
（杭州市天目山路 40 号）
富阳美术印刷有限公司印刷　　全国各地新华书店经销
开本 880×1230　1/32　印张 9.75　字数 155000　印数 1—15000
2012 年 8 月第 1 版　　2012 年 8 月第 1 次印刷

ISBN 978－7－5342－6954－7　　　定价：25.00 元
（如有印装质量问题，影响阅读，请与购买书店联系调换）